# 전파 분야 측정 불확도

이론 및 실무

# 전파 분야 측정 불확도

이론 및 실무

박정규 전 국립전파연구원 연구관
김강욱 GIST 교수

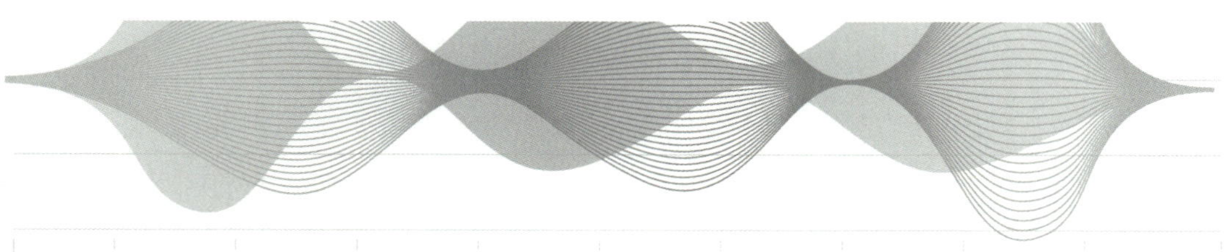

Measurement Uncertainty in Electromagnetics: Theory and Practice

GIST PRESS

# 서문

우리나라 전파 시험 분야에서 측정 불확도를 주목하기 시작한 시기는 1990년대 말에서부터 2000년대 초이다. 방송통신기기 시험과 인증에서 신뢰성을 담보하는 수단으로 측정 불확도 산출은 국제 교역에서 요구하는 사항이다. 초기 전파 분야에서 측정 불확도 접근이 쉽지 않았는데 그것은 용어가 낯설고 전파의 실체가 눈에 보이지 않아 분석하기가 까다롭기 때문이라 생각한다. 필자가 근무한 국립전파연구원은 방송통신기기 관련 안테나 교정 및 측정 서비스를 제공하면서 측정 불확도 연구를 수행하여 안테나 측정 및 교정의 측정 불확도를 정립하였다. 또한 방송통신기기 지정시험기관과 비교 숙련도 프로그램을 진행하면서 전자파 장해 및 내성 분야, 유선 및 무선 시험과 인체 안전(SAR)에서의 측정 불확도 산출 지침을 만들고 보급하였다.

전파 분야에서 측정 불확도의 기본 이론부터 사례까지 처음으로 다룬 책은 본 저자가 2014년 전파진흥협회의 교육 교재로 쓴『전파 분야 측정 불확도 강의』이다. 이 책은 그 교재를 기반으로 오류 수정과 대폭적인 내용 보강 및 삭제 등을 하면서 전파 분야 시험 및 측정의 실무자 및 기술 책임자 등이 좀더 알차게 접근할 수 있도록 구성하였다.

광주과학기술원(GIST) 김강욱 교수는 전파 측정 성분 간 부정합 발생의 이론을 간단하면서도 심도 있게 전달하고자 내용을 추가하였다. 특히 국립전파연구원에서 세계 최초로 개발한 5G 또는 6G 무선통신기기 측정 시스템에 적용하는 측정 불확도 산출 지침을 추가하여 우리나라 차세대 무선 통신의 개발에 참고할 만한 내용을 담았다.

전파 분야 업무의 측정 불확도 산출은 실무자나 기술 책임자가 해당 시험과 측정 절차를 충분하게 숙지하고 있어야 함을 전제한다. 측정 불확도와 연계된 약간의 통계 수학 이론을 습득하고 있다면 금상첨화이다. 그런데 전파 분야 경험에 비추어보면 통계 및 수학을 잘 이해하고 적용하는 실무자가 의외로 많지 않다. 학교 공부를 마친 지 오래되었거니와 골치 아픈 수학은 생각도 하기 싫었기 때문일 것이다. 그럼에도 이 분야에서 측정 불확도를 분석하고 산출하려면 통계와 관련 수학은 넘어야 할 산이다. 이 책은 전파 분야 측정 불확도 산출 실무 핵심에 손쉽게 접근할 수 있도록 통계 수학을 간단하게 설명하고 구성하였다. 부분적으로 공식 유도 등 까다로울 수 있는 부분이 있다. 관심이 있는 실무자 외에는 굳이 공식 유도를 익힐 필요는 없지만 공식이 논리적으로 확실하다는 것을 신뢰한다면 그냥 실무에 적용하면 된다. 그렇지만 이것저것 다 귀찮고 머리 아픈 것을 피하고 싶더라도 A형 불확도와 B형 불확도의 개념을 확실히 구분했으면 한다. 그리고 측정 불확도 산출 작업은 대부분 B형 불확도를 찾아가는 과정임을 기억하자. 이들은 모두 표준편차와 직접 연결되어 있어 그 공식을 활용하는 것이 필요하다. 전파 측정 실무자들은 정규분포와 직각분포 및 U자형 분포 표준 불확도 공식을 반드시 기억했으면 한다. 이 책의 내용으로 2, 3장을 참고하면 된다. 측정 불확도 실무 예제는 똑같이 따라 할 필요는 없다. 측정을 구성하는 시스템마다 다르기에 개별 접근(case by case)이 필요하다. 그리고 같은 측정이라 하더라도 계측 장비, 측정량 등 제조사에 따라 불확도 요인이 달라서 제조사가 제공한 계측기 사양을 조심스럽게 들여다보는 것 또한 요긴하다.

2025년 8월

박정규

# 서문

    측정 불확도 산출 과정은 시험 및 계측 분야에서 신뢰성 확보의 핵심 요소 중 하나입니다. 어떠한 측정을 수행하고 그 결과를 보고할 때, 그 결과를 어느 정도 신뢰할 수 있는지를 판단하기 위해서는 측정 방법에 대한 이해뿐만 아니라 해당 방법에서 발생할 수 있는 불확실성을 파악하는 것이 필수적입니다. 이러한 과정은 관련 분야의 전문가들이 공통적으로 이해하고 인정할 수 있어야 하며, 이를 위해 측정 불확도 산출과 표현에 대한 국제적으로 통용되는 지침이 마련되어 있습니다. 국제도량형국(BIPM: Bureau International des Poids et Mesures)이 발간한 「측정 불확도 표현 지침(GUM: Guide to the Expression of Uncertainty in Measurement)」은 측정 불확도를 평가하고 표현하는 일반적인 기준을 제공하는 문서입니다. 그러나 측정이 수행되는 기술 분야에 따라 추가적으로 고려해야 할 요소들이 존재할 수밖에 없습니다. 이 책은 전자파 시험 및 계측 분야에서 측정 불확도의 개념과 실무 적용 방법을 소개하며, 이를 실무자들이 보다 체계적으로 활용할 수 있도록 구성하였습니다.

    책의 초반부에서는 측정과 측정 불확도의 개념을 정리하고, 측정 불확도 분석에 필요한 통계 및 수학적 기초를 다룹니다. 이후, 전파 시험 및 측정에서의 불확도 산출 절차와 주요 개념을 설명하며, 마지막으로 다양한 실무 사례를 통해 실제 적용 방안을 제시합니다. 특히, 최근 5G 및 6G 무선통신기기의 측정 시스템에서 불확도를 산출하는 지침을 포함하여 최신 기술 동향을 반영하고자 하였습니다. 측정 불확도는 단순한 수치 계산이 아니라, 시험 및 계측 결과의 신뢰성을 평가하는 중요한 기준입니다. 이 책이 측정 불확도를 보다 체계적으로 이해하고, 이를 실제 업무에 효과적으로 활용하는 데 도움이 되기를 바랍니다. 특히, 실무자들에게는 보다 정확한 측정과 불확도 평가를 수행할 수 있는 실질적인 가이드가 되고, 학생 및 연구자들에게는 학문적 기초를 다지는 데 유용한 참고서가 되기를 기대합니다.

    이 책은 국립전파연구원이 세계 최초 개발을 목표로 한 5G 및 6G 고속 측정 시스템을 국제표준화기구(3GPP 등)에 소개하는 과정에서 출발하였습니다. 또한, 집필 및 편집 과정에서 과학기술정보통신부의 재원으로 정보통신기획평가원의 지원을 받아 광주과학기술원(GIST)에 설립된 '차세대 이동통신 전파특성 측정 핵심기술 연구센터'가 중요한 역할을 담당하였음을 밝힙니다. 끝으로, 이 책은 국립전파연구원의 박정규 연구관님이 집필한『전파 분야 측정 불확도 강의』를 기반으로 내용을 확장 및 보완한 것입니다. 초안 작성부터 최종 마무리까지 심혈을 기울여주신 박정규 연구관님께 깊은 감사의 뜻을 전합니다. 이 책이 측정 불확도에 대한 실무적 이해를 돕고, 전파 시험 및 계측 분야의 발전에 기여하기를 바라며, 독자 여러분의 지속적인 성장을 기원합니다.

2025년 8월

김강욱

# 차례

# Chapter 1

# 측정과 측정 불확도

# 측정과 측정 불확도

측정이란 길이 및 질량 등 사물이 지닌 특유의 양을 알아내는 일련의 과정으로, 반드시 측정 기구(measuring instrument)를 사용해야 한다. 그 이유는 한 사회 또는 공동체 내에서 누구나가 인정할 수 있는 기준의 설정이 필요하고, 측정 결과 간 편차를 가능한 한 최소화하기 위해서이다. 손 한 뼘을 기준으로 책상 길이가 열 뼘이 되었다고 해서 그것을 측정이라고 하기는 어렵다. 한 뼘은 기구가 아니며 공동체에서 표준으로 정하기가 곤란하다. 사람마다 크기가 다르기에 그것을 기준으로 삼는다면 해당 공동체 내에 경제적 또는 법적 혼란을 초래한다. 그래서 측정에는 기준을 객관적으로 정할 수 있는 측정 기구 사용을 필요조건으로 한다. 또한 측정 결과는 측정 단위와 그에 수반되는 숫자를 표시하여야 한다. 예를 들어, 전압은 3.2 V(볼트), 전류는 4.3 A(암페어), 전력은 12.5 W(와트), 전계강도는 8.6 V/m 등과 같이 표시한다.

## 1.1. 질량 측정의 예

물체의 질량을 측정하는 기구로는 저울을 사용하며, SI(International System of Units, 국제단위계) 기본 단위인 kg(킬로그램)으로 표시한다. 저울을 이용해 질량을 측정할 때 저울의 눈금이 0.133 kg을 가리켰다고 하자. 전문 측정의 영역에서 단일한 수로 표현된 측정값에는 신뢰성을 부여하지 않는다. 그 값이 '올바른 값의 50% 이내에 있는가?', '백만 분의 몇 이내에 있는가?', '수많은 시도 중에 단 한 번만 일어날 정도로 굉장히 드문 값인가?' 등 의문을 불러오기 때문이다. 의문을 해소하기 위해 측정 결과 표현에 있어 측정값을 표기하는 숫자와 더불어 불확도를 나타내는 부가적 숫자가 필요하다. 즉, 측정값 및 측정 불확도라는 두 숫자의 조합을 보고하여야 전문적인 측정 결과라 할 수 있다. 측정한 결과를 다음과 같이 보고하였다고 하자.

$$질량 = (0.133 \pm 0.002)\,kg \tag{1.1}$$

여기서 '질량'은 측정량, 첫 번째 숫자 '0.133'은 측정값, 두 번째 숫자 '0.002'는 측정 불확도, 그리고 'kg'은 측정의 단위이다. 측정 불확도는 신뢰 수준(일반적으로 95 %)을 가지는 신뢰 구간이다. (1.1)은 해당 물체 질량의 참값이 0.132 kg～0.135 kg 사이에 있을 확률이 95%라는 것을 의미한다.

## 1.2. 측정과 확률변수, 측정 불확도 추정

주사위 던지기와 측정하기는 전혀 다른 행위 같아 보이지만 확률의 시각에서 유사한 점이 발견된다. 주사위를 던질 때 1, 2, 3, 4, 5, 6 중에 어느 하나의 숫자가 나오는 것은 확실하지만, 어떤 수가 나올지 모르고 그것은 단지 확률로 결정된다. 측정하는 행위에도 확률적인 요소가 있다. 예를 들어, 몸무게를 측정할 때, 어떤 때는 70.2 kg중(몸무게는 일상에서 kg으로 말하는데 중력 가속도 9.8 m/s²인 '중'을 생략했을 뿐이다), 또 어떤 때는 70.1 kg중, 또는 69.8 kg중, 69.9 kg중 등과 같이 측정 때마다 다른 값이 저울에 표시되는 것을 경험한 적이 있을 것이다. 여기에는 여러 이유가 있다. 사용자가 저울에 올라갈 때마다 위치와 자세가 달라질 수 있고, 땀을 흘리거나 음식을 섭취하는 등 신체에 일시적인 변화가 있을 수도 있다. 또한 주변의 온도나 습도 변화가 센서에 영향을 주거나, 전자저울의 경우 배터리 전압이 약해지면서 부정확한 측정값을 제공할 수도 있다. 그럼에도 측정값이 어떤 특정 값 주변에 모여 있을 경우, 자주 나오는 값 또는 평균값으로서 측정값을 추정한다. 따라서 주사위 던지기의 경우나 몸무게 측정의 경우 모두 확률 요소가 존재한다는 것을 알 수 있다. 주사위 던지기는 1, 2, 3, 4, 5, 6 각각의 숫자가 나올 확률이 같으며 이산확률분포이다. 반면, 몸무게 측정의 경우 앞의 예에서 특정한 값 70 kg 주변의 숫자가 나오는 연속확률분포를 가진다는 점이 다르다.

측정은 사물의 고유 '량'을 알아내기 위한 작업으로서, 참값이 없다고 할 수는 없겠으나, 측정의 결과는 '언제나 정확하지 않다'라고 말해도 과언이 아니다. 예를 들어, 어떤 물체의 질량을 측정할 때 어떤 사람은 3 kg 정도의 정확도 결과에 만족할 것이고, 어떤 사람은 3.14 kg, 또 어떤 사람은 3.141 5 kg과 같은 더 높은 정확도를 요구할지 모른다. 정확한 값을 얻기 위해서 성능이 우수한 계측기와 주의 깊은 측정, 측정에 영향을 줄 수 있는 요인을 최대한 제거하는 것이 필요하다. 다만 최고의 정확도를 가진 기구를 이용하고, 측정에 영향을 줄 수 있는 요인을 최대한 제거하여 3.141 592 653 589 79 kg을 얻어도 이 값이 '참값'이라 장담할 수 없다.

한 가지 해결책은 참값이 존재할 구간을 추정하는 것이다. 예를 들면, 측정값이 3 kg이고 ±5 % 내에 참값이 놓여 있다고 보고하는 것이다. 이는 측정 결과로 참값이 3 kg이라고 확정하여 보고하는 것보다 오류가 생길 가능성이 훨씬 적다. 보다 더 정밀한 측정의 경우 측정값은 3.141 5 kg이고 참값은 ±0.000 05 % 내에 있다고 보고할 수 있다. 이럴 때 참값은 3.141 49 kg ~ 3.141 52 kg 사이에 있다고 말하는 것과 같다. 측정은 확률의 요소가 있으므로, 측정 결과가 보고 범위 밖에 있을 수 있다. 이 경우 기존에 보고한 값에 잘못이 있거나, 새로 측정한 값에 오류가 있을 수 있다. 측정은 확률변수라는 점, 측정 결과의 보고는 참값을 추정하는 일임을 이해해야 한다. 따라서 참값이 놓여 있을 범위와 함께, 신뢰 수준을 함께 보고함으로써 전문성 있는 측정 결과 보고가 가능하다.

$$3.141\ 52\ \text{kg} \pm 0.000\ 05\ \% \ (\text{신뢰 수준} 95 \%) \tag{1.2}$$

여기서 3.141 52 kg은 측정값, 두 번째 항 ±0.000 05 %는 측정의 의심스러운 정도를 나타내는 측정 불확도이다. 괄호 항 신뢰 수준 95 %는 20번 시행 중 1번은 이 범위를 벗어날 가능성이 있다는 것을 의미한다.

측정 결과는 매번 다를 수 있고, 측정은 참값을 추정하는 과정이다. 측정 결과를 표시하는 3요소는 측정값, 측정 불확도, 신뢰 수준으로, 이는 측정 품질의 척도이다. 측정값은 확률변수이고 적절한 도구를 사용하여 얻은 데이터의 평균값이다. 확률과 통계 이론을 도구 삼아 확률분포와 표준편차 등으로부터 원하는 신뢰 수준에 따라 측정 불확도를 계산한다. 한마디로 말해서, 측정 불확도 산출 절차는 측정 대상 시스템의 확률변수를 분석하고, 측정에 영향을 미치는 개별 요인의 확률분포와 각각의 표준편차를 추정하여, 그것을 합성하여 전체 표준편차를 계산하는 과정이다. 그러므로 확률 및 통계 이론은 측정 불확도 산출 및 해석을 위하여 반드시 습득해야 하는 수학 도구이다.


## 1.3. 측정 및 측정 불확도 개념

측정 불확도 분석 및 이해를 위하여 여기에서 용어와 개념[1]을 간단히 정리하였다.

■ **측정량**(measurand)

측정의 대상이 되는 물리량.

예시: 길이, 무게, 전압 등


■ **측정값**(measured value)

측정을 통하여 알아낸 값.

예시: 13.2 cm, 3.14 kg, 5.4 V


■ **참값**(true value)

이론적으로 완벽하게 측정된 값으로, 실제의 정확한 값.

참값을 아는 경우 측정할 필요가 없으므로, 이상적인 개념인 경우가 많다. 현실적으로는 특정 조건에서 널리 인정되고 합의된 방법이나 표준에 의해 결정된 기준값을 사용하는 것이 일반적이다.


■ **측정오차**(measurement error)

측정값과 참값의 차이.

$$측정오차 = 측정값 - 참값 \tag{1.3}$$


■ **절대오차**(absolute error)

측정값과 참값의 차이.

상대오차에 대비하여 사용하는 개념으로 측정오차와 동일하다. 오차의 절댓값(absolute value of error)과는 구분하여 사용한다.

$$절대오차 = 측정오차 = 측정값 - 참값 \tag{1.4}$$

$$오차의\ 절대값 = |측정오차| = |측정값 - 참값| \tag{1.5}$$


■ **상대오차**(relative error)

측정오차를 참값으로 나누어 비율로 나타낸 값.

$$\text{상대오차} = \frac{\text{측정오차}}{\text{참값}} = \frac{\text{측정값} - \text{참값}}{\text{참값}} \qquad (1.6)$$

### ■ 우연오차(random measurement error)

무한히 측정을 반복하여 평균값을 얻었을 때, 측정값에서 그 평균값을 뺀 결과.
측정오차에서 계통오차를 뺀 값과 동일하다.

### ■ 계통오차(systematic measurement error)

무한히 측정을 반복하여 평균값을 얻었을 때, 평균값에서 참값을 뺀 값으로 측정오차에서 우연오차를 뺀 값과 동일하다.

계통오차는 측정 과정에서 일정한 방향과 크기를 가지고 반복적으로 발생하는 오차이다. 즉, 측정값이 실젯값에서 항상 일정하게 벗어나는 경향이 있는 오차이다.

예시: 측정 기기의 눈금이 잘못되어 항상 0.5 kg이 더 무겁게 측정되는 저울.

계통오차는 그 원인에 대한 파악이 가능하며, 원인 파악 후 보정이 되었다면 불확도에 영향을 주지 않는다.

### ■ 측정 정확도(measurement accuracy)

측정된 결과와 참값 간의 유사도.

측정 정확도는 정성적(qualitative) 개념이며 숫자로 표현되지 않는다. 측정 정밀도와 구분해서 사용해야 한다.

### ■ 측정 정밀도(measuremenet precision)

반복하여 얻은 측정값들 간의 유사도.

측정 정밀도는 표준편차, 분산 등을 이용하여 숫자로 주어질 수 있다. 측정 정확도와 측정 정밀도는 구분해서 사용해야 한다. 측정 정확도와 측정 정밀도의 개념을 구분하기 위해서 다음과 같은 예시를 들 수 있다.

- 정확도가 높은 경우: 물체의 실제 질량이 100 kg이고, 저울로 측정한 값들이 99.0 kg, 100.0 kg, 101.0 kg과 같이 실제 무게와 가까운 경우. 세 번의 측정에서 편차가 2 kg이므로 측정 정밀도는 비교적 낮다고 할 수 있다.
- 정밀도가 높은 경우: 저울로 측정된 값들이 104.1 kg, 103.9 kg, 104.0 kg과 같이 반복적으

로 유사하게 측정된 경우. 실제 무게와는 유사도는 고려하지 않는다.

- 정확도와 정밀도가 모두 높은 경우: 물체의 실제 무게가 100 kg이고, 측정된 값들이 99.9 kg, 100.0 kg, 100.1 kg과 실젯값과 가깝고, 측정값 간에도 유사할 경우.

■ 측정 반복성(measurement repeatability)

반복 측정 조건에서 수행된 측정값 간의 유사도.

측정 반복성 조건(repeatability conditions):

- 동일한 측정 절차
- 동일한 관찰자
- 동일 조건하에서 사용된 동일 측정 기구
- 동일 장소
- 짧은 시간 내에 반복 수행

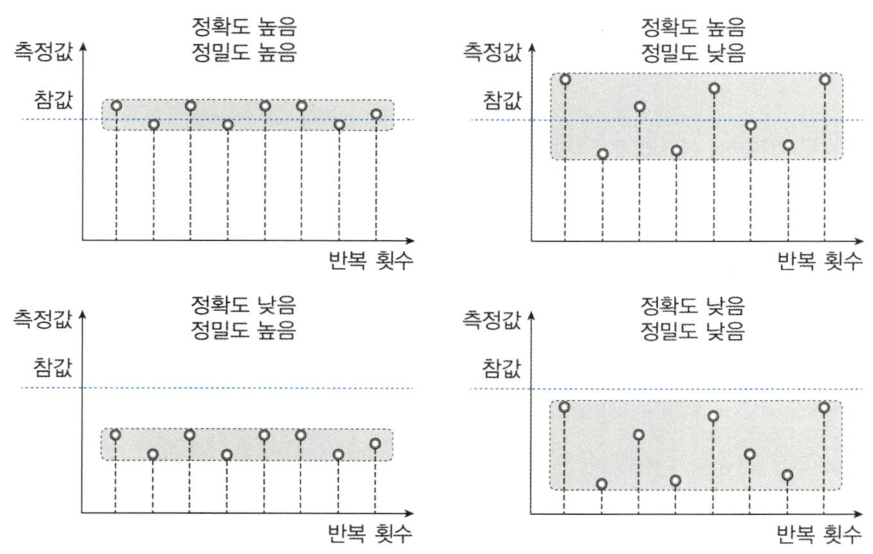


그림 1.1 측정 정확도와 측정 정밀도의 개념 비교

■ 측정 재현성(measurement reproducibility)

측정 조건이 변경되었을 때 수행된 측정값 간의 유사도.

변경된 측정 조건은 다음을 포함하며, 측정 절차서 등에 기록되어야 한다.

- ● 측정 원리(principle)
- ● 측정 방법(method)
- ● 참조표준
- ● 관찰자
- ● 측정 기구 및 사용 조건
- ● 장소
- ● 측정 시간

■ **측정 불확도(measurement uncertainty)**

측정량에 대한 측정값의 분산 특성을 나타내는 음이 아닌 파라미터.

측정값의 분산 특성은 표준편차, 분산, 특정 신뢰 수준의 반 구간 등으로 나타낸다.

■ **A형 불확도(type A evaluation of uncertainty)**

A형 불확도는 동일한 측정 조건에서 반복하여 얻어진 측정값 평균의 실험 표준편차의 분석을 통해 추정된 측정 불확도이다.

■ **B형 불확도(type B evaluation of uncertainty)**

반복 측정에 의한 통계 분석 이외의 방법으로 산출하는 측정 불확도 평가 방식.

B형 불확도는 제조사가 제공한 정보, 이전에 측정한 경험, 출판 자료, 전문가 의견 등을 근거로 평가한 측정 불확도로서, 측정 실무에서 불확도 산출 작업 대부분이 B형 불확도를 분석하는 과정이다.

■ **표준 불확도(standard uncertainty)**

표준편차로 나타낸 측정 불확도.

■ **합성표준 불확도(combined standard uncertainty)**

불확도 요인이 여럿일 때 개별로 추정한 표준 불확도를 합성하여 얻은 표준 불확도.

만약 $n$개의 측정 불확도 요인이 있고 각 요인이 독립이라고 가정할 때, 합성표준 불확도는 다음과 같이 계산한다.

$$u_c = \sqrt{u_1^2 + \cdots + u_n^2} = \sqrt{\sum_i^n u_i^2} \tag{1.7}$$

여기서 $u_i$는 $i$번째 요인으로 추정된 표준 불확도이다.


■ 확장 불확도(expanded uncertainty)

신뢰 수준을 높이기 위해 합성표준 불확도에 적절한 포함 인자를 곱하여 계산한 값.

측정 불확도가 정규분포라면 $u_c$는 신뢰 수준이 68.27 %이다. 참값이 측정값에 포함될 가능성을 높이기 위하여 확장 불확도는 합성표준 불확도에 포함 인자를 곱하여 산출한다.

$$U = k \cdot u_c = k \cdot \sqrt{u_1^2 + \cdots + u_n^2} \tag{1.8}$$

정규분포의 경우 신뢰 수준 95 %에 해당하는 포함 인자는 $k = 1.96$이다. $k = 2$를 사용하는 경우가 많으며, 이때의 신뢰 수준은 95.45 %에 해당한다.


■ 포함 인자(coverage factor)

확장 불확도를 구하기 위해 주어진 신뢰 수준에서 합성표준 불확도에 곱하는 계수.
확장 인자, 확장 계수라고도 한다.


## 1.4 측정 불확도 관련 국제 문서

19세기 후반에 과학과 산업의 발전에 따라 국제적으로 통일된 측정 표준이 필요했다. 1875년에 17개국이 모여 미터 협약(Metre Convention)을 체결하고, 국제도량형국(BIPM: Bureau International des Poids et Mesures)을 설립하여 측정 단위와 표준을 통일하려 노력하였다.

측정 불확도를 평가하고 표현하는 방법에 일관성이 부족하다는 인식이 국제적으로 커졌고, 이에 따라 여러 국가와 기관은 통일된 지침을 협력하여 만들 필요를 느꼈다. 1981년에 CIPM(Comité International des Poids et Mesures, 국제도량형위원회)은 측정 불확도 표현의 국제적 일치를 도모하기 위하여 권고안 INC−1(1980)을 통해 BIPM에게 불확도에 관한 연구 그룹(Working Group on the statement of Uncertainties)을 만들도록 했다. 후에 이 권고안은 국제표준화기구(ISO)와 협력하여 만든 측정 불확도 표현 지침 「GUM: Guide to the Expression of Uncertainty in Measurement」[2]의 기초가 되었다.

ISO의 기술 자문 그룹 4(ISOTAG4)와 연구 그룹 3은 INC−1 권고안을 근거로 GUM을 작성하였다. 이 지침은 측정 불확도를 표현하는 기준이 되었으며, 국제적으로 널리 채택되었다. GUM의 첫 번째 판은 1993년에 발행되었다. 이 문서는 여러 측정 분야에서 측정 불확도를 일관되게 표현하는 표준 지침이 되었다. 이후 GUM은 여러 차례 개정되었으며, 2008년에 「JCGM 100:2008(GUM 1995 with minor corrections)」으로 개정되었다. 기존 지침을 소폭 개정한 것으로, 측정 불확도 표현 지침이 명확하게 되었다.

비록 GUM이 측정 불확도 표현과 관련하여 국제적 관점을 대표하더라도, 추상적이라 전파 분야의 실무 측정에 적용하여 해석하기에는 쉽지 않은 문서이다. 이를 개선하기 위한 노력은 유럽전기통신표준협회(ETSI: European Telecommunications Standards Institute)에서 일정 부분 수행하였다.

유럽전기통신표준협회는 유럽에서 전기 통신의 표준을 개발하는 주요 기관으로, 다양한 통신 기술의 표준화를 담당한다. 전자파 장해 및 전파 스펙트럼 문제 기술 위원회(ERM: Electromagnetic Compatibility and Radio Spectrum Matters)는 유럽전기통신표준협회의 기술 위원회 중 하나로서 전자파 양립성과 전파 스펙트럼 문제를 다룬다. 이 위원회에서 무선 통신 장비의 측정 불확도 관련 문서[1], [3]를 작성하였다. 이 문서는 전자파 분야 측정 불확도 산출의 구체적인 이론 및 사례를 다룬 유럽전기통신표준협회 발간 문서로, 이 책 말미의 참고문헌 [1], [3], [4], [5], [6]에서 찾아볼 수 있다.

# 측정 불확도 산출을 위한 통계 수학

# 측정 불확도 산출을 위한 통계 수학[7]

## 2.1 이산확률

### 2.1.1 이산확률변수

몇 번이고 거듭할 수 있고 실험 조건을 완벽히 제어할 수 있다고 하더라도 그 결과가 불확실성 또는 확률이 지배하는 실험이나 관찰을 확률 실험(probability experiment, random experiment)이라 한다. 확률 실험을 대표하는 예로는 동전 던지기가 있다. 동전 하나를 던질 때 모든 조건을 완벽하게 제어하더라도, 던질 때마다 결과가 달라서 앞면이 나올 수도 있고 뒷면이 나올 수도 있다. 또 다른 예로는 주사위 던지기가 있다. 주사위를 던질 때 역시 모든 조건을 완벽하게 제어하더라도 1, 2, 3, 4, 5, 6 중 어떤 숫자가 분명히 나오지만, 무엇이 나올지는 불확실하다.

확률 실험에서 나올 수 있는 모든 결과를 모은 집합을 표본공간(sample space)이라 한다. 동전 하나를 던져 나오는 결과는 앞면(H)과 뒷면(T)이므로, 표본공간은 $\Omega = \{H, T\}$ 이다. 주사위를 던져 나오는 결과는 1, 2, 3, 4, 5, 6이므로, 표본공간은 $\Omega = \{1, 2, 3, 4, 5, 6\}$ 이 된다. 표본공간의 부분 집합을 사건(event)이라 한다. 예를 들어, $A = \{2, 4, 6\}$ 은 짝수가 나오는 사건이고, $B = \{1, 2, 3\}$ 은 3보다 작거나 같은 자연수가 나오는 사건이다.

동전 하나를 던졌을 때 동전의 앞면이 위로 향할 가능성과 뒷면이 위로 향할 가능성은 각각 1/2의 확률을 가지므로, 확률은 $P(H) = P(T) = 1/2$ 이다. 여기서 $P(x)$ 는 표본공간의 원소 $x$ 가 나올 확률을 의미한다.

동전 2개를 던졌을 때 나오는 결과를 앞면(H)과 뒷면(T)으로 표시하면 HH, HT, TH, TT의 4가지 원소가 나오므로, 표본공간은 $\Omega = \{HH, HT, TH, TT\}$ 이다. 이 표본공간에서 각 원소가 나올 확률은 1/4이다. 앞면이 하나만 나올 경우는 HT와 TH의 2가지가 있으므로, 확률은 1/2이다.

확률변수가 가질 수 있는 모든 가능한 값과 그 값이 발생할 확률을 정리한 표를 확률분포표 (probability distribution table)라 한다. 동전 2개를 던졌을 때 나올 수 있는 앞면의 수는 0번, 1번, 2번이며, 그 확률은 각각 1/4, 1/2, 1/4이다.

$$\text{앞면이 } 0\text{번: } P(TT) = 1/4$$
$$\text{앞면이 } 1\text{번: } P(TH, HT) = 1/2$$
$$\text{앞면이 } 2\text{번: } P(HH) = 1/4$$

이를 확률분포표로 나타내면 표 2.1과 같다.

**표 2.1** 동전 2개를 던졌을 때 동전 면의 확률분포표

| 동전 면 | 앞면의 수 | 확률 |
|---|---|---|
| TT | 0 | 1/4 |
| HT | 1 | 1/2 |
| TH | | |
| HH | 2 | 1/4 |

동전의 앞면에 숫자 1을 대응시키고, 동전의 뒷면에 숫자 0을 대응시키면 각각의 확률은 다음과 같이 나타낼 수 있다.

$$\text{앞면이 } 0\text{번 나온 경우, X=0: } P(TT) = P(X = 0) = 1/4$$
$$\text{앞면이 } 1\text{번 나온 경우, X=1: } P(TH, HT) = P(X = 1) = 1/2$$
$$\text{앞면이 } 2\text{번 나온 경우, X=2: } P(HH) = P(X = 2) = 1/4$$

표 2.2는 이에 대응하는 확률분포표를 표시하였다.

**표 2.2** 동전 2개를 던졌을 때 앞면에 1을 대응시키는 확률분포표

| $X$ | 동전 면 | 확률 |
|---|---|---|
| 0 | TT | 1/4 |
| 1 | HT, TH | 1/2 |
| 2 | HH | 1/4 |

동전의 각 면에 숫자를 대응시키는 것은 임의적이므로, 앞면에 숫자 500을 대응시키고, 동전의 뒷면에 숫자 0을 대응시키면 각각의 확률은 다음과 같이 나타낼 수 있다.

앞면이 0번 나온 경우, X=0: $P(TT) = P(X = 0) = 1/4$

앞면이 1번 나온 경우, X=500: $P(TH, HT) = P(X = 500) = 1/2$

앞면이 2번 나온 경우, X=1000: $P(HH) = P(X = 1000) = 1/4$

이를 확률분포표로 나타내면 표 2.3과 같다.

**표 2.3** 동전 2개를 던졌을 때 앞면에 500을 대응시키는 확률분포표

| $X$ | 동전 면 | 확률 |
| --- | --- | --- |
| 0 | TT | 1/4 |
| 500 | HT, TH | 1/2 |
| 1000 | HH | 1/4 |

이와 같이 확률 실험에서 표본공간의 원소를 실수로 변환하는 함수가 확률변수(random variable)이고, 대문자 $X$, $Y$ 등으로 표기한다. 동전 던지기의 확률변수 표 2.2와 표 2.3처럼 확률변수를 여러 가지로 정의할 수 있다. 확률변수 $X$는 그림 2.1처럼 표본공간으로부터 실수로 변환되는 함수이지만, 편의를 위해 그림 2.2와 같이 대응하는 각 실수 $x_i$의 집합으로 취급한다. 실수 $x_i$는 확률 $P(x_i)$에 대응한다.

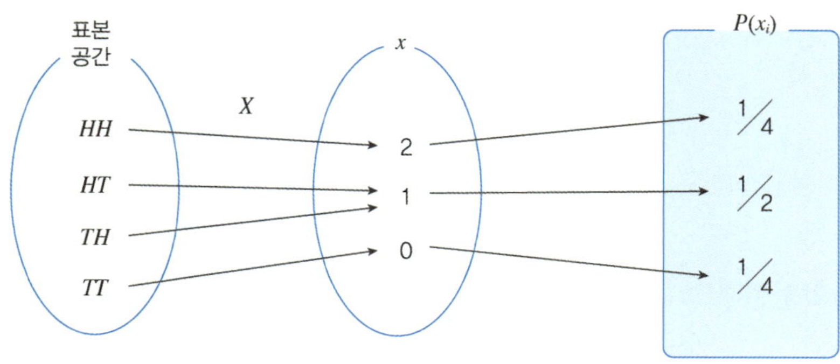


**그림 2.1** 실수로 변환되는 함수로서 확률변수

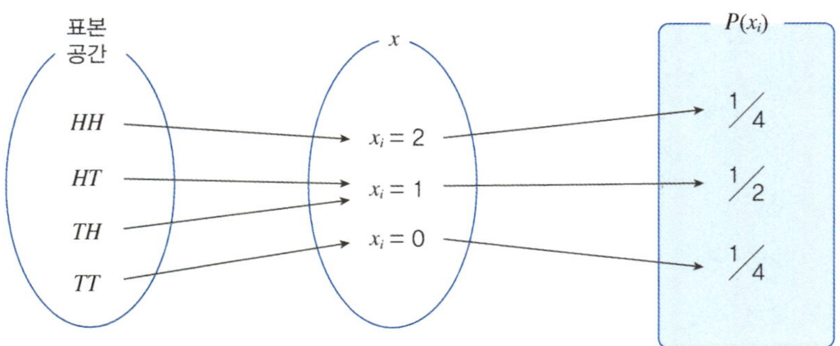

**그림 2.2** 실수 집합으로서의 확률변수

확률 실험에서 확률 0은 그 사건이 절대로 발생하지 않는다는 것을 의미하고, 확률 1은 그 사건이 반드시 발생한다는 것을 의미한다. 따라서 확률 실험에 있어서 확률은 반드시 발생하는 사건과 절대로 발생하지 않는 사건 사이에 있다고 할 수 있다. 그리고 확률공간 내의 모든 표본을 포함하는 사건은 반드시 발생하기 때문에 모든 확률변수에 대응하는 확률을 더하면 1이 되는 것은 자명한 일이다. 확률변수 $X$의 각 원소를 $x_i = \{x_1, x_2, \cdots, x_n\}$라고 하고 이에 대응되는 확률을 $P_i = P(X = x_i)$라고 했을 때, 이를 수식으로 표현하면 다음과 같이 정리할 수 있다.

$$0 \leq P_i \leq 1 \tag{2.1}$$

$$\sum_{i=1}^{n} P_i = 1 \tag{2.2}$$

## 2.1.2 이산확률변수의 독립성

확률변수 $X$가 $x_i$일 확률을 $P(X = x_i)$, 확률변수 $Y$가 $y_i$일 확률을 $P(Y = y_i)$로 표시할 때, 둘이 결합된 확률이 각각의 곱으로 주어지면 두 확률변수는 독립(independent)이라고 하며, 결합된 확률을 $P(X = x_i,\ Y = y_i)$로 표기할 때 다음과 같은 관계가 성립한다.

$$P(X = x_i\ \text{그리고}\ Y = y_i) = P(X = x_i)\,P(Y = y_i) \tag{2.3}$$

동전 2개와 주사위를 동시에 던지는 확률 실험을 고려하자. 동전 앞면이 나오는 숫자를 $X$, 주사위 눈금을 $Y$라 하자. 동전 2개를 던지는 실험과 주사위를 던지는 확률 실험은 전혀 별개인 독립적인 것임은 분명하다. 표 2.4는 그 표본공간의 모든 원소를 보여준다. 전체 원소 수는 24개이며 확률 $P(X = x_i,\ Y = y_i)$를 계산한 결과는 표 2.5에 주어졌다. 표 2.6은 개별 확률변수에 대응하는 확률의 곱 $P(X = x_i)\,P(Y = y_i)$을 나타낸다. 표 2.5와 표 2.6을 보면 $P(X = x_i,\ Y = y_i) = P(X = x_i)\,P(Y = y_i)$가 성립함을 알 수 있다. 따라서 두 확률변수는 독립이다.

**표 2.4** 동전 2개(확률변수 $X$)와 주사위(확률변수 $Y$)를 던지는 확률 실험의 원소

| $X$ \ $Y$ | 1 | 2 | 3 | 4 | 5 | 6 |
|---|---|---|---|---|---|---|
| 0 | (TT, 1) | (TT, 2) | (TT, 3) | (TT, 4) | (TT, 5) | (TT, 6) |
| 1 | (TH, 1)<br>(HT, 1) | (TH, 2)<br>(HT, 2) | (TH, 3)<br>(HT, 3) | (TH, 4)<br>(HT, 4) | (TH, 5)<br>(HT, 5) | (TH, 6)<br>(HT, 6) |
| 2 | (HH, 1) | (HH, 2) | (HH, 3) | (HH, 4) | (HH, 5) | (HH, 6) |

**표 2.5** 동전 2개와 주사위를 던졌을 때의 합성 확률 $P(X = x_i\ \text{and}\ Y = y_i)$

| $X$ \ $Y$ | 1 | 2 | 3 | 4 | 5 | 6 |
|---|---|---|---|---|---|---|
| 0 | $P(0,1)=1/24$ | $P(0,2)=1/24$ | $P(0,3)=1/24$ | $P(0,4)=1/24$ | $P(0,5)=1/24$ | $P(0,6)=1/24$ |
| 1 | $P(1,1)=1/12$ | $P(1,2)=1/12$ | $P(1,3)=1/12$ | $P(1,4)=1/12$ | $P(1,5)=1/12$ | $P(1,6)=1/12$ |
| 2 | $P(2,1)=1/24$ | $P(2,2)=1/24$ | $P(2,3)=1/24$ | $P(2,4)=1/24$ | $P(2,5)=1/24$ | $P(2,6)=1/24$ |

**표 2.6** 동전 2개와 주사위를 던졌을 때 확률의 곱 $P(X=x_i)\,P(Y=y_i)$

| $P(Y)$ ＼ $P(X)$ | $P(Y=1)$ $=1/6$ | $P(Y=2)$ $=1/6$ | $P(Y=3)$ $=1/6$ | $P(Y=4)$ $=1/6$ | $P(Y=5)$ $=1/6$ | $P(Y=6)$ $=1/6$ | $\sum P(Y)$ |
|---|---|---|---|---|---|---|---|
| $P(X=0)$ $=1/4$ | 1/24 | 1/24 | 1/24 | 1/24 | 1/24 | 1/24 | 1/4 |
| $P(X=1)$ $=1/2$ | 1/12 | 1/12 | 1/12 | 1/12 | 1/12 | 1/12 | 1/2 |
| $P(X=2)$ $=1/4$ | 1/24 | 1/24 | 1/24 | 1/24 | 1/24 | 1/24 | 1/4 |
| $\sum P(X)$ $=1$ | 1/6 | 1/6 | 1/6 | 1/6 | 1/6 | 1/6 | 1 |

## 2.1.3 이산확률변수의 기댓값

동전 2개를 던졌을 때 나올 수 있는 결과는 앞에서 본 바와 같이 HH, HT, TH, TT의 네 가지 경우이다. 앞면이 나오는 수에 500원을 곱한 금액을 가져가는 게임을 한다고 하자. 이 경우 표 2.3에 나오는 것처럼, HH, HT, TH, TT의 경우에 각각 1000원, 500원, 500원, 0원을 가져갈 수 있다. 평균은 원소들의 전체 합을 총수로 나눈 값으로 정의된다. 따라서 동전 2개를 던졌을 때 4개의 원소 HH(1000원), HT(500원), TH(500원), TT(0원)의 평균은 다음과 같이 계산하는 것이 합리적이다.

$$평균 = \frac{1000원 + 500원 + 500원 + 0원}{4} = 500원 \tag{2.4}$$

게임을 한 번 했을 때 가져갈 수 있는 돈이 1000원일 수 있고, 500원이거나 0원일 수 있지만, 게임을 여러 번 반복하면 어떤 때는 1000원, 어떤 때는 500원, 또 어떤 때는 0원을 가져가며 이를 평균하면 500원이다. 그래서 가져갈 수 있는 돈의 기댓값은 500원이라는 의미이다. (2.4)의 평균값 계산을 다시 써보면 다음 (2.5)와 같다.

$$평균 = \frac{1}{4}\times 1000원 + \frac{1}{4}\times 500원 + \frac{1}{4}\times 500원 + \frac{1}{4}\times 0원 \tag{2.5}$$
$$= \frac{1}{4}\times 1000원 + \frac{1}{2}\times 500원 + \frac{1}{4}\times 0원 = 500원$$

표 2.3의 확률변수 1000, 500, 0과 각각 대응되는 확률 $1/4$, $1/2$, $1/4$을 곱하여 합한 것과 같다.

확률변수 $X$의 각 원소를 $x_i = \{x_1, x_2, \cdots, x_n\}$라고 하고, 이에 대응되는 확률을 $P_i = P(X = x_i)$라고 했을 때 앞의 평균을 계산한 수식은 다음과 같이 표현할 수 있다.

$$E[X] = x_1 P_1 + x_2 P_2 + \cdots + x_n P_n = \sum_{i=1}^{n} x_i P_i \tag{2.6}$$

여기서 $E[X]$는 확률변수 $X$의 평균 또는 기댓값을 나타낸다.

확률변수 $X$, $Y$와 상수 $a$, $b$에 대해, 기댓값은 다음과 같은 성질을 갖는다.

$$E[a] = a \tag{2.7}$$
$$E[aX + b] = aE[X] + b \tag{2.8}$$
$$E[aX + bY] = aE[X] + bE[Y] \tag{2.9}$$

식 (2.7), (2.8), (2.9)를 동전 2개를 던지는 게임을 통해 살펴보자. 동전의 어떤 면이 나오든지 상관없이 동일한 금액 1000원을 준다고 하자. 이 경우는 식 (2.7)에서 $a = 1000$에 해당한다.

앞면이 0번 나온 경우, X=1000: $P(TT) = P(X = 0) = 1/4$

앞면이 1번 나온 경우, X=1000: $P(TH, HT) = P(X = 500) = 1/2$

앞면이 2번 나온 경우, X=1000: $P(HH) = P(X = 1000) = 1/4$

이때의 기댓값은 확률변수가 $x_1 = x_2 = x_3 = 1000$원으로

$$E[X] = 1000원 \times \frac{1}{4} + 1000원 \times \frac{1}{2} + 1000원 \times \frac{1}{4} = 1000원 \tag{2.10}$$

이다. 이를 일반화하여 수식적으로 살펴보면 다음과 같다. 식 (2.6)에 의해

$$E[X] = \sum_{i=1}^{n} x_i P_i \tag{2.11}$$

이고, $x_i$는 동일한 값 $x_i = a$이다. 이를 대입하고 식 (2.2)를 이용하면, 다음과 같이 식 (2.7)이 성립함을 보일 수 있다.

$$E[X] = \sum_{i=1}^{n} a P_i = a \sum_{i=1}^{n} P_i = a \tag{2.12}$$

여기서 세 번째 항은 확률의 성질에서 모든 확률을 더하면 1이 되므로 $\sum_{i=1}^{n} P_i = 1$을 적용했다.

식 (2.8)이 성립하는 예를 들어보자. 500원 동전 2개를 던지는 게임에서 앞면(500원)이 나오면 그 금액에 2배를 곱한 금액에다 기본 금액 1000원을 함께 받는 게임을 한다고 하자. $HH$일 경우 $X$=1000이며 받는 금액은 2×1000+1000=3000원이고 확률은 1/4, $HT$인 경우는 $X$=500이며 금액은 2×500+1000=2000원이고 확률은 1/2 , $TT$일 경우 X=0이며 금액은 2×0+1000=1000원이고 확률은 1/4이다.

따라서 식 (2.8)의 좌변은 다음과 같이 계산한다.

$$E[2X + 1000] = \frac{1}{4} \times 3000원 + \frac{1}{2} \times 2000원 + \frac{1}{4} \times 1000원 = 2000원 \tag{2.13}$$

게임의 규칙에 따라 $E(X) = 500원$ 이므로 식 (2.8)의 우변은 다음과 같이 계산할 수 있다.

$$2E[X] + 1000 = 2 \times 500원 + 1000원 = 2000원 \tag{2.14}$$

좌변과 우변이 동일한 값을 가지므로 식 (2.8)이 성립함을 볼 수 있다.

수식으로 증명하면 다음과 같다. 식 (2.8)의 좌변은 다음과 같이 전개할 수 있다.

$$E[aX + b] = \sum_{i=1}^{n} (ax_i + b) P_i = a \sum_{i=1}^{n} x_i P_i + b \sum_{i=1}^{n} P_i \tag{2.15}$$

우변에서 $\sum_{i=1}^{n} x_i P_i = E[X]$ 이고 확률의 성질에 따라 $\sum_{i=1}^{n} P_i = 1$이므로 식 (2.15)는 다음과 같이 되어

$$E[aX+b] = aE[X] + b \tag{2.16}$$

(2.8)이 성립한다.

식 (2.9)가 성립하는 예를 들어보자. 500원 동전 2개를 던지는 게임에서 동전에 나타낸 액수 $(X)$의 2배$(a=2)$를 주고, 주사위 눈금$(Y)$의 500배$(b=500)$에 해당하는 금액을 주는 게임이 있다. 그러면 확률변수는 $2X+500Y$가 된다. 이때 나올 수 있는 확률변수 $2X+500Y$의 경우의 수와 나올 수 있는 확률은 각각 표 2.4와 표 2.5를 참고하여 표 2.7과 표 2.8로 정리할 수 있다.

**표 2.7** 확률변수 $2X+500Y$의 경우의 수

| $X$ \ $Y$ | $500\times1$ | $500\times2$ | $500\times3$ | $500\times4$ | $500\times5$ | $500\times6$ |
|---|---|---|---|---|---|---|
| $2\times0$ | 500 | 1000 | 1500 | 2000 | 2500 | 3000 |
| $2\times500$ | 1500 | 2000 | 2500 | 3000 | 3500 | 4000 |
| $2\times1000$ | 2500 | 3000 | 3500 | 4000 | 4500 | 5000 |

**표 2.8** 확률변수 $2X+500Y$의 발생 확률

| $X$ \ $Y$ | $500\times1$ | $500\times2$ | $500\times3$ | $500\times4$ | $500\times5$ | $500\times6$ |
|---|---|---|---|---|---|---|
| $2\times0$ | 1/24 | 1/24 | 1/24 | 1/24 | 1/24 | 1/24 |
| $2\times500$ | 1/12 | 1/12 | 1/12 | 1/12 | 1/12 | 1/12 |
| $2\times1000$ | 1/24 | 1/24 | 1/24 | 1/24 | 1/24 | 1/24 |

식 (2.9)의 좌변 $E[aX+bY]$에서 $aX+bY$는 합성 확률변수이고 원소는 표 2.7의 각 셀에 해당하며 표 2.8은 그에 대응하는 확률이다. 기댓값의 정의에 따라 표 2.7과 표 2.8의 상호 대응하는 셀을 곱하면 기댓값으로서 식 (2.9)의 좌변 $E[aX+bY]$을 얻는다. 이에 따라 계산한 값은 2,750원이다. 한편 식 (2.9)의 우변에 $E[X] = \dfrac{2\times500}{4} + \dfrac{1\times500}{2} + \dfrac{0\times500}{4} = 500원$, $E[Y] = \dfrac{1}{6} + \dfrac{2}{6} + \dfrac{3}{6} + \dfrac{4}{6} + \dfrac{5}{6} + \dfrac{6}{6} = 3.5$를 대입하면,

$$2E[X] + 500E[Y] = 2\times500원 + 500원\times3.5 = 2750원 \tag{2.17}$$

이다. 좌변과 우변의 계산값이 같다. 그러므로 식 (2.9)가 성립함을 알 수 있다.

이를 일반화하여 수식으로 살펴보자. 확률변수 $X$를 $x_i = \{x_1, x_2, \cdots, x_n\}$, 확률변수 $Y$를 $y_j = \{y_1, y_2, \cdots, y_m\}$ 라고 하자. 두 원소의 모든 조합을 고려할 경우, 식 (2.9) 좌변은 다음과 같다.

$$E[aX + bY] = \sum_{i=1}^{n} \sum_{j=1}^{m} (ax_i + by_j) P(X = x_i \text{ and } Y = y_j) \tag{2.18}$$

두 확률변수 $X$와 $Y$가 독립이므로, (2.6)을 이용하여 다음과 같이 전개할 수 있다.

$$\sum_{i=1}^{n} \sum_{j=1}^{m} (ax_i + by_j) P(X = x_i \text{ and } Y = y_j) \tag{2.19}$$

$$= \sum_{i=1}^{n} \sum_{j=1}^{m} (ax_i + by_j) P(x_i) P(y_j)$$

$$= \sum_{i=1}^{n} \sum_{j=1}^{m} ax_i P(x_i) P(y_j) + \sum_{i=1}^{n} \sum_{j=1}^{m} by_j P(x_i) P(y_j)$$

$$= \sum_{i=1}^{n} ax_i P(x_i) \sum_{j=1}^{m} P(y_j) + \sum_{j=1}^{m} by_j P(y_j) \sum_{i=1}^{n} P(x_i)$$

식 (2.2)를 적용하면 $\sum_{i=1}^{n} P(x_i) = \sum_{j=1}^{m} P(y_j) = 1$ 이고, 상수 $a$와 $b$를 $\sum$의 바깥으로 빼면 다음과 같이 식 (2.9)의 우변이 되므로, 식 (2.9)가 성립함을 알 수 있다.

$$\sum_{i=1}^{n} ax_i P(x_i) \sum_{j=1}^{m} P(y_j) + \sum_{j=1}^{m} by_j P(y_j) \sum_{i=1}^{n} P(x_i) \tag{2.20}$$

$$= a \sum_{i=1}^{n} x_i P(x_i) + b \sum_{j=1}^{m} y_j P(y_j)$$

$$= aE[X] + bE[Y]$$

식 (2.7), (2.8), (2.9)는 기댓값의 선형성(linearity of expectation)을 표현한 식이다.

이번에는 확률변수 $X$와 $Y$가 독립일 때 두 확률변수 곱 $XY$의 기댓값을 고려하자. 동전 2개와 주사위를 던져서 동전의 앞면에 따른 금액과 주사위의 눈 수를 곱한 금액만큼을 가지는 게임에서, 동전이 $HH$가 되면 1000원, $HT$가 되면 500원, $TT$가 되면 0원의 상금이 있고 거기에 주사위의 눈금이 나온 수를 곱한 금액을 상금으로 타간다. 예를 들면 눈금이 3이 나오면 3을 곱하여 $3 \times 1000$원 $= 3000$원 을 가져간다.

이에 대한 확률변수 표와 확률표를 작성하여 위와 같은 절차를 밟아서 $E[XY] = E[X]E[Y]$가 성립함을 확인할 수 있다. 수식으로 살펴보면 다음과 같다. 두 확률변수의 곱에 대한 기댓값은 다음과 같이 표현된다.

$$E[XY] = \sum_{j=1}^{m} \sum_{i=1}^{n} x_i y_j P(X = x_i \text{ and } Y = y_j) \tag{2.21}$$

두 확률변수 $X$와 $Y$가 독립이므로, 확률도 각각이 일어날 확률의 곱으로 표현된다. $P(X = x_i \text{ and } Y = y_j) = P(X) \cdot P(Y)$ 을 이용하여 다음과 같이 전개할 수 있다.

$$E[XY] = \sum_{j=1}^{m} \sum_{i=1}^{n} x_i y_j P(X = x_i \text{ and } Y = y_j) \tag{2.22}$$

$$= \sum_{j=1}^{m} \sum_{i=1}^{n} x_i y_j P(x_i) P(y_j) = \sum_{j=1}^{m} x_i P(x_i) \sum_{i=1}^{n} y_j P(y_j)$$

$$= \sum_{j=1}^{m} x_i P(x_i) E[Y] = E[X] E[Y]$$

즉, 독립된 두 확률변수의 곱으로 나타내는 확률변수 $Z = XY$의 기댓값은 확률변수 $X$의 기댓값과 확률변수 $Y$의 기댓값의 곱으로 나타난다. 예를 들어, 동전 2개와 주사위 게임에서 동전 2개($X$)를 던졌을 때 기댓값 $E[X]$ 는 500원, 주사위($Y$)를 던질 때 기댓값 $E[Y]$ 은 3.5이므로, 이 게임의 기댓값은 $E[XY] = E[X] \cdot E[Y]$ 로 500원×3.5 = 1750원이다.

(2.22)는 두 확률변수가 반드시 독립일 때만 성립한다. 독립의 사건이 아니면 계산은 더 복잡하며 이 책에서 다루지 않을 것이다. 한편, 독립 확률변수 $n$ 개를 곱한 확률변수의 기댓값은 각 확률변수의 기댓값의 곱이 되어 $E[X_1 \cdot X_2 \cdot \dots \cdot X_n] = E[X_1] \cdot E[X_2] \cdot \dots \cdot E[X_n]$가 성립한다.

 **기댓값 관계식**

$$E[a] = a$$
$$E[aX + b] = aE[X] + b$$
$$E[aX + bY] = aE[X] + bE[Y]$$

확률변수 $X$와 $Y$가 독립일 경우:

$$E[XY] = E[X]E[Y]$$

### 2.1.4 이산확률변수의 분산

동전 2개를 던지는 게임으로 동전의 앞면의 개수에 따라 가져갈 수 있는 돈이 $X = \{0, 500, 1000\}$인 게임과 $Y = \{400, 450, 700\}$인 게임이 있다고 가정할 때, 두 게임의 기댓값은 $E[X] = E[Y] = 500$으로 동일하다. 그러나 그림 2.3에서 보는 바와 같이 기댓값이 같아도 그것을 중심으로 흩어진 정도가 확률변수 $X$와 $Y$에 따라 다르다는 것을 확인할 수 있다. 확률과 관련한 시스템을 분석할 때 확률변수의 특성을 나타내는 파라미터로 기댓값 이외에 다른 파라미터가 필요함을 알 수 있다.

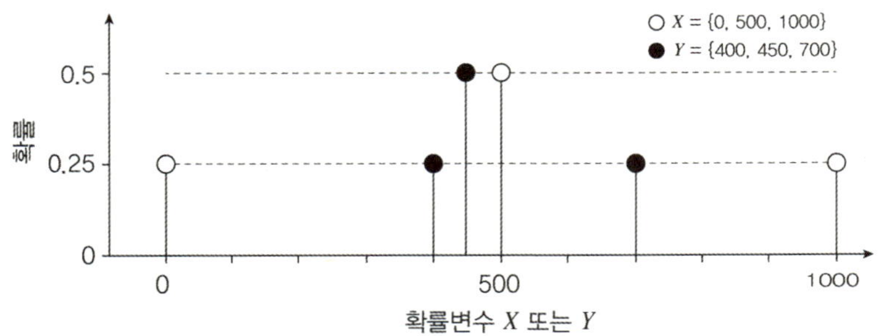


**그림 2.3** 기댓값이 같은 두 확률변수

확률변수의 흩어진 정도를 나타내는 파라미터로 가장 많이 사용하는 것이 분산(variance)이다. 확률변수 $X$의 기댓값을 $E\{X\} = \mu$라고 하면, 확률변수의 값과 기댓값과의 차이 $x_i - \mu$를 편차(deviation)라고 한다. 분산은 편차 제곱의 기댓값으로 정의하며, 수식으로 나타내면 다음과 같다.

$$Var(X) = E\left[(X - \mu)^2\right] \tag{2.23}$$

분산은 다음과 같이 "제곱의 기댓값(평균)에서 평균의 제곱을 뺀 값"으로도 나타낼 수 있다.

$$Var(X) = E\left[(X - \mu)^2\right] = \sum_{i=1}^{n} (x_i - \mu)^2 P_i \tag{2.24}$$

$$= \sum_{i=1}^{n} x_i^2 P_i - 2\mu \sum_{i=1}^{n} x_i P_i + \mu^2 \sum_{i=1}^{n} P_i = E\left[X^2\right] - 2\mu E\left[X\right] + \mu^2$$

$$= E\left[X^2\right] - \mu^2$$

분산의 양의 제곱근을 표준편차(standard deviation)라고 하고, 다음과 같이 표현된다.

$$\sigma = \sqrt{Var(X)} = \sqrt{\sum_{i=1}^{n} (x_i - \mu)^2 P_i} \tag{2.25}$$

---

**예제 2-1**

**동전 2개를 던져서 앞면이 나오는 수를 $X$라고 하면, 확률변수 $X$의 분산을 구하시오.**

다음 순서로 분산을 구할 수 있다.

$X$의 경우의 수:　　$X = \{0, 1, 2\}$

$X$의 확률:　　$P(0) = 1/4, \ P(1) = 1/2, \ P(2) = 1/4$

$X$의 기댓값:　　$\mu = E[X] = \dfrac{1}{4} \times 0 + \dfrac{1}{2} \times 1 + \dfrac{1}{4} \times 2 = \dfrac{1}{4}$

$X^2$의 경우의 수:　　$X^2 = \{0, 1, 4\}$

$X^2$의 기댓값:　　$E\left[X^2\right] = \dfrac{1}{4} \times 0 + \dfrac{1}{2} \times 1 + \dfrac{1}{4} \times 4 = \dfrac{3}{4}$

따라서 분산은 다음과 같다.

$X$의 분산:　　$Var(X) = E\left[X^2\right] - \mu^2 = \dfrac{3}{4} - \left(\dfrac{1}{4}\right)^2 = \dfrac{11}{16}$

**주사위를 던져서 나오는 수를 $Y$라고 하면, 확률변수 $Y$의 분산을 구하시오.**

다음 순서로 분산을 구할 수 있다.

$Y$의 경우의 수:     $Y = \{1, 2, 3, 4, 5, 6\}$

$Y$의 기댓값:     $\mu = E[Y] = \dfrac{1+2+3+4+5+6}{6} = \dfrac{7}{2}$

$Y^2$의 경우의 수:     $Y^2 = \{1, 4, 9, 16, 25, 36\}$

$Y^2$의 기댓값:     $E[Y^2] = \dfrac{1+4+9+16+25+36}{6} = \dfrac{91}{6}$

따라서 분산은 다음과 같다.

$Y$의 분산:     $Var(Y) = E[Y^2] - \mu^2 = \dfrac{91}{6} - \left(\dfrac{7}{2}\right)^2 = \dfrac{35}{12}$

독립 확률변수 $X$, $Y$와 상수 $a$, $b$에 대해, 분산은 다음과 같은 성질을 갖는다.

$$Var(b) = 0 \tag{2.26}$$

$$Var(aX + b) = a^2 \, Var(X) \tag{2.27}$$

$$Var(aX + bY) = a^2 \, Var(X) + b^2 \, Var(Y) \tag{2.28}$$

식 (2.26)은 상수의 분산을 나타내므로 자연스럽게 이해된다. 수식적으로는 식 (2.24)를 이용하면

$$Var(b) = E[b^2] - (E[b])^2 = b^2 - (b)^2 = b^2 - b^2 = 0 \tag{2.29}$$

이다. 여기서 식 (2.7)에 따른 기댓값의 성질을 이용하였다.

식 (2.24)에서 확률변수 $X$의 기댓값을 $E[X] = \mu_X$라고 쓰면, 확률변수 $X$의 분산은 다음과 같이 표현할 수 있다.

$$Var(X) = E\left[X^2\right] - \mu_X^2 \tag{2.30}$$

확률변수 $X$의 선형 변환에 따른 확률변수 $aX + b$의 분산은 (2.24)에 의하여 다음과 같이 전개된다.

$$\begin{aligned}
Var(aX + b) &= E\left[(aX+b)^2\right] - (E[aX+b])^2 \\
&= E\left[(aX+b)^2\right] - (a\mu_X+b)^2 \\
&= E\left[a^2X^2 + 2abX + b^2\right] - \left(a^2\mu_X^2 + 2ab\mu_X + b^2\right) \\
&= a^2 E\left[X^2\right] + 2ab E[X] + b^2 - \left(a^2\mu_X^2 + 2ab\mu_X + b^2\right) \\
&= a^2\left\{E\left[X^2\right] - \mu_X^2\right\} \\
&= a^2 Var(X)
\end{aligned} \tag{2.31}$$

따라서 식 (2.28)이 성립됨을 알 수 있다.

식 (2.28)에서 확률변수 $X$와 $Y$의 선형 변환에 의한 확률변수 $aX + bY$의 분산은 다음과 같이 전개한다.

$$\begin{aligned}
Var(aX + bY) &= E\left[(aX+bY)^2\right] - (E[aX+bY])^2 \\
&= E\left[(aX+bY)^2\right] - (a\mu_X+b\mu_Y)^2 \\
&= E\left[a^2X^2 + 2abXY + b^2Y^2\right] - \left(a^2\mu_X^2 + 2ab\mu_X\mu_Y + b^2\mu_Y^2\right) \\
&= a^2 E\left[X^2\right] + 2ab E[XY] + b^2 E\left[Y^2\right] - \left(a^2\mu_X^2 + 2ab\mu_X\mu_Y + b\right)
\end{aligned} \tag{2.32}$$

독립 확률변수 $X$와 $Y$ 곱의 기댓값은 (2.22)에 따라 각각의 기댓값의 곱과 같으므로 $2abE(XY) = 2ab\mu_X\mu_Y$이다. 따라서

$$\begin{aligned}
Var(aX + bY) &= a^2\left\{E\left[X^2\right] - \mu_X^2\right\} + b^2\left\{E\left[Y^2\right] - \mu_Y^2\right\} \\
&= a^2 Var(X) + b^2 Var(Y)
\end{aligned} \tag{2.33}$$

가 되어 식 (2.28)이 성립함을 알 수 있다. 식 (2.28) 또는 식 (2.33)은 측정 불확도 분석에서 불확도 전파법칙으로, 합성표준 불확도를 산출할 때 자주 사용하는 관계식이다.

표준편차의 정의와 확률변수의 선형 변환에 의한 관계식을 이용하면 위 (2.33)은 $n$개의 독립 확률변수인 경우에 측정 불확도 계산에서 가장 중요한 공식인 RSS(root sum square) 또는

불확도 전파법칙(propagation of uncertainty)이 유도된다. $Z$가 $n$개의 독립 확률변수의 합이라면, $Z = X_1 + X_2 + \cdots + X_n$의 분산의 합성은 다음과 같다.

$$Var(Z) = Var(X_1 + X_2 + \cdots + X_n) \tag{2.34}$$
$$= Var(X_1) + Var(X_2) + \cdots + Var(X_n) = \sum_{i=1}^{n} Var(X_i)$$

합성된 확률변수의 표준편차는

$$\sigma_Z = \sqrt{Var(Z)} \tag{2.35}$$

이므로, 독립 확률변수 $X_1, X_2, \cdots, X_n$의 분산이 각각 $\sigma_{X_1}, \sigma_{X_2}, \cdots, \sigma_{X_n}$이라면, 식 (2.34)는 다음과 같이 표현될 수 있다.

$$\sigma_Z^2 = \sigma_{X_1}^2 + \sigma_{X_2}^2 + \cdots \sigma_{X_n}^2 = \sum_{i=1}^{n} \sigma_{X_i}^2 \tag{2.36}$$

따라서 합성 표준편차는 개별 확률변수의 분산을 이용하여 다음과 같이 나타낼 수 있다.

$$\sigma_Z = \sqrt{\sigma_{X_1}^2 + \sigma_{X_2}^2 + \cdots \sigma_{X_n}^2} = \sqrt{\sum_{i=1}^{n} \sigma_{X_i}^2} \tag{2.37}$$

**∞ 분산 관계식과 표준편차의 합성**

$$Var(b) = 0$$
$$Var(aX + b) = a^2 Var(X)$$
$$Var(aX + bY) = a^2 Var(X) + b^2 Var(Y)$$

확률변수 $X_1, X_2, \cdots, X_n$은 각각 독립일 경우:

합성 분산:

$$\sigma_Z^2 = \sigma_{X_1}^2 + \sigma_{X_2}^2 + \cdots \sigma_{X_n}^2 = \sum_{i=1}^{n} \sigma_{X_i}^2$$

합성 표준편차:

$$\sigma_Z = \sqrt{\sigma_{X_1}^2 + \sigma_{X_2}^2 + \cdots \sigma_{X_n}^2} = \sqrt{\sum_{i=1}^{n} \sigma_{X_i}^2}$$

## 2.1.5 이항분포

지금까지는 동전 2개 던지기를 주로 고려하였다. 여기서는 동전의 개수가 많을 때 확률분포, 기댓값, 분산은 어떻게 계산하는지를 살펴본다.

동전 1개를 던질 때 앞면이 나오는 개수의 집합으로 $X_1 = \{0, 1\}$을 확률변수로 하면, 각 경우의 수에 대한 확률은

$$P(0) = \frac{1}{2}$$

$$P(1) = \frac{1}{2}$$

이고, 기댓값과 분산은 각각 다음과 같이 계산한다.

$$E[X_1] = \sum_{i=1}^{n} x_i P(x_i) = \left(0 \times \frac{1}{2} + 1 \times \frac{1}{2}\right) = \frac{1}{2}, \tag{2.38}$$

$$Var(X_1) = E[X_1^2] - \mu_{X_1}^2 = \left(0^2 \times \frac{1}{2} + 1^2 \times \frac{1}{2}\right) - \left(\frac{1}{2}\right)^2 = \frac{1}{4} \tag{2.39}$$

동전 2개를 던질 경우, 개별 동전에 대한 확률변수 $X_1 = \{0, 1\}$과 $X_2 = \{0, 1\}$는 서로 독립이다. 따라서 기댓값과 분산의 관계식으로부터 $X = X_1 + X_2$의 기댓값과 분산은 각각 다음과 같다.

$$E[X] = E[X_1 + X_2] = E[X_1] + E[X_2] = \frac{1}{2} + \frac{1}{2} = 1 \tag{2.40}$$

$$\sigma_X^2 = \sigma_{X_1}^2 + \sigma_{X_2}^2 = \frac{1}{4} + \frac{1}{4} = \frac{1}{2} \tag{2.41}$$

동전 2개를 던지는 경우 나오는 수의 평균은 1이고 분산은 $\frac{1}{2}$ 을 의미한다.

동전 $n$개를 던질 경우, $X_1 = \{0, 1\}$, $X_2 = \{0, 1\}$, $\cdots$, $X_n = \{0, 1\}$은 모두 독립이다. 따라서 기댓값과 분산의 관계식으로부터 $X = X_1 + X_2 + \cdots + X_n$의 기댓값과 분산은 각각 다음과 같다.

$$E[X] = E[X_1 + X_2 + \cdots + X_n] = E[X_1] + E[X_2] + \cdots + E[X_n] \tag{2.42}$$
$$= nE[X_1] = \frac{n}{2}$$

$$\sigma_X^2 = \sigma_{X_1}^2 + \sigma_{X_2}^2 \cdots + \sigma_{X_n}^2 = n\sigma_{X_1} = \frac{n}{4} \tag{2.43}$$

동전의 개수에 따른 확률분포를 그림 2.4에서 볼 수 있다. 각 그림은 동전의 개별 확률변수 1, 2, 6, 10, 50개가 합성된 확률분포를 보여주고 있으며, 가로축은 동전 앞면이 나올 경우의 수, 세로축은 해당하는 확률이다. 이들은 이항분포의 확률분포 특성을 보여준다.

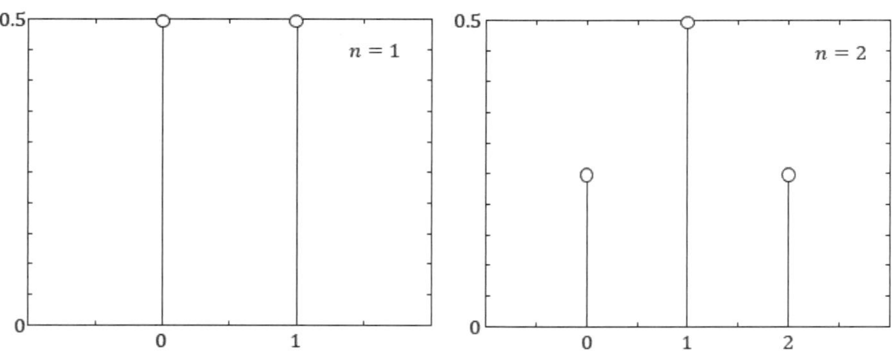

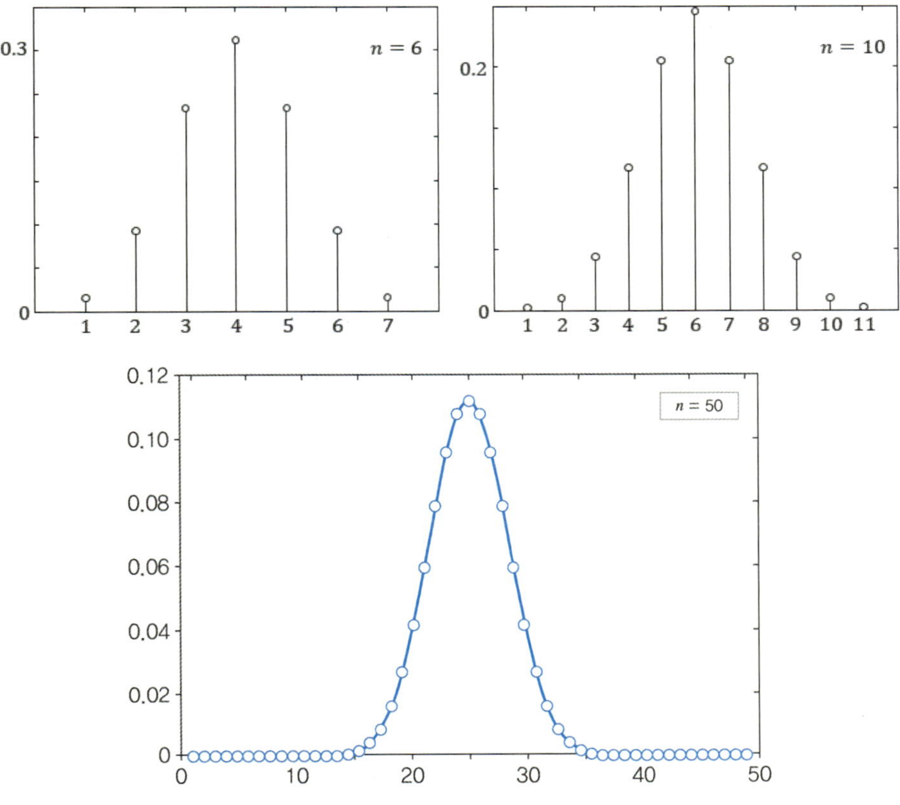


**그림 2.4** 동전 개수에 따른 확률변수의 확률분포

동전 던지기의 앞면 또는 뒷면, 어떤 게임의 승 또는 패와 같이 확률 실험 결과가 2개만 나오는 확률분포를 이항분포(binomial distribution)라 한다. 어떤 게임에서 이길 확률을 $p$, 질 확률을 $q$라고 하면, $n$번의 게임을 해서 $i$번 이길 확률은 다음과 같이 계산한다.

$$P(X = i) = \binom{n}{i} p^i q^{n-i} \tag{2.44}$$

여기서 $\binom{n}{i}$는 조합의 수로서 $n$개의 항목 중 $i$개를 선택하는 방법의 수이며, 다음과 같이 계산한다.

$$\binom{n}{i} = \frac{n!}{i!\,(n-i)!} \tag{2.45}$$

확률의 정의에 따라 확률 $p$와 $q$의 합은 1이어야 한다.

$$p + q = 1 \tag{2.46}$$

이항분포는 $n$번의 게임을 해서 $i$번 이길 확률과 같은데, 각 게임의 결과는 이전이나 이후의 게임에 영향을 받지 않기 때문에 독립이다. 한 번 진행한 게임의 기댓값은

$$E[X_1] = p \tag{2.47}$$

이므로, $n$번의 게임을 수행하면 기댓값은 독립 확률변수의 선형성 성질에 의해 다음과 같이 계산한다.

$$E[X] = n E[X_1] = np \tag{2.48}$$

한 번의 게임에 따른 분산은

$$Var(X_1) = E[X_1^2] - (E[X_1])^2 \tag{2.49}$$

으로 계산할 수 있다. 여기서 $X_1 = \{0, 1\}$이므로 $X_1^2$도 $X_1^2 = \{0, 1\}$로 같다. 게임 한 번을 하면 분산은 다음과 같다.

$$\begin{aligned} Var(X_1) &= E[X_1^2] - (E[X_1])^2 = E[X_1] - (E[X_1])^2 \\ &= p - p^2 = p(1-p) = pq \end{aligned} \tag{2.50}$$

따라서 독립된 $n$번의 게임을 할 경우, (2.50)을 이용하면 분산은 다음과 같이 계산한다.

$$Var(X) = n\,Var(X_1) = npq \tag{2.51}$$

이항분포는 앞으로 다룰 정규분포와 밀접한 관계가 있으며, 정규분포는 측정 불확도 분석에 활용되는 주요한 도구이다. 평균이 $\mu$, 분산이 $\sigma^2$인 정규분포를 $N(\mu, \sigma^2)$로 표기한다. 표본의 크기 $n$이 충분히 크고, 성공 확률 $p$가 극단적으로 0이나 1에 가깝지 않을 경우, 이항분포는 정규

분포로 근사할 수 있다. 중심극한정리[1](central limit theorem)는 정규분포 근사(normal approximation)에 기초가 된다. 정규분포 근사는 다음과 같다.

$$X \simeq N(np, npq) \tag{2.52}$$

이항분포는 평균이 $np$로, 분산이 $npq$인 정규분포로 근사할 수 있다. 일반적으로 정규분포 근사가 유효하기 위해서는 다음과 같은 조건을 만족해야 한다.

$$np \geq 5 \ \ \text{그리고} \ \ nq \geq 5 \tag{2.53}$$

 **이항분포**

| | |
|---|---|
| $n$번의 게임을 해서 $i$번 이길 확률: | $P(X=i) = \binom{n}{i} p^i q^{n-i}$ |
| 기댓값: | $E[X] = np$ |
| 분산: | $Var(X) = npq$ |

## 2.2 연속확률

### 2.2.1 연속확률변수

앞에서 논의한 동전 던지기나 주사위 던지기는 확률값이 띄엄띄엄 있는 이산확률변수(discrete random variable)이다. 어떤 학교 학생들의 키 분포, 전철역에서 전철을 기다리는 시간, 그림 2.5와 같은 원판에서 화살표를 돌릴 때 나오는 각도 등과 같이 연속으로 주어지는 변수를 연속확률변수(continuous random variable)라 한다. 연속확률변수의 성질은 2.1장에서 논의했던 이산확률변수와 동일한 성질을 가진다. 다만, 수학 표현 및 계산에 있어서 합기호 $\Sigma$ 등을 대신하여 미분과 적분 사용이 필요하다.

---

1) 부록 Ⅲ 참조.

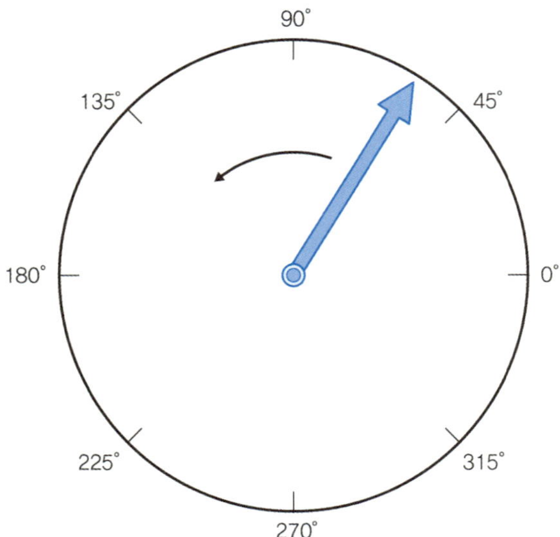


**그림 2.5** 원판에서 화살표 돌리기

연속확률변수와 이산확률변수의 중요한 차이는 확률변수가 어떤 특정한 값을 취하는 확률에 있다. 이산확률변수의 경우 확률변수가 취할 수 있는 값들을 열거할 수 있으므로, 확률변수가 어떤 특정한 값을 취할 확률은 취할 수 있는 전체 값들과 비율로 쉽게 계산할 수 있다. 반면에 연속확률변수의 경우에는 확률변수가 취할 수 있는 값들을 열거할 수 없으며, 확률변수가 어떤 특정한 값을 취할 확률은 언제나 0이 된다.

$$P(X = x) = 0 \tag{2.54}$$

따라서 연속확률변수가 특정한 값일 확률을 고려하는 것은 무의미하다.

예를 들어 원판 돌리기에서 특정 위치는 원판의 한 점이고 0도에서 360도 사이에는 무한대의 점이 존재하므로 이산확률과 같은 개념을 사용하여 확률을 계산하는 것은 불가능하고, 이산확률을 계산하듯 굳이 따라 한다면 무한히 많은 경우의 수 중 한 개, 즉 $P = 1/\infty = 0$과 같은 결과를 초래한다. 따라서 어떤 점을 가리킬 확률은 항상 0이다. 분명히 어떤 한 점을 가리키고 있는데 그 확률이 0이라는 것은 모순으로서 받아들이기 어렵다.

이러한 모순을 피하는 방법으로 구간을 정하여 전체 구간과 비율로 확률을 정의한다. 한 점을 설정하는 것이 아니라 그림 2.6과 같이 어떤 범위의 각, 예를 들어 15도에서 55도는 '우산', 55도에서 90도는 '장갑'과 같이 구간을 정하면, 우산이 나올 확률을 계산할 수 있다.

$$P = \frac{55^\circ - 15^\circ}{360^\circ} = \frac{1}{9} \tag{2.55}$$

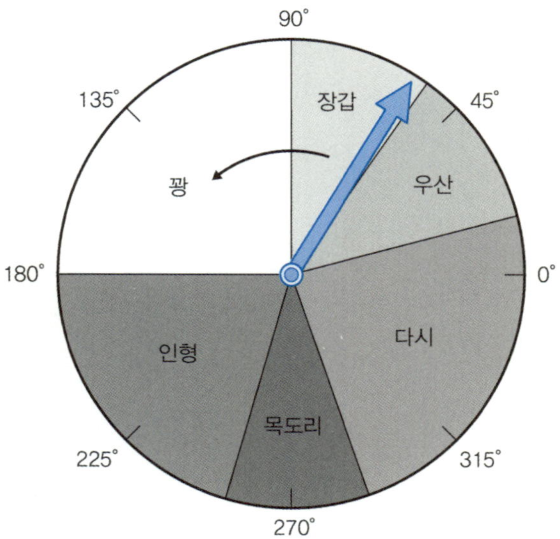



그림 2.6 구간의 크기에 따른 확률 부과

연속확률변수의 확률은 확률변수가 갖는 각 점에 확률을 대응시키지 않는 대신 구간이나 면적 등을 설정하여 확률을 계산한다.

연속확률변수 $X$를 실수 집합에서 특정 값 $x$가 취하는 변수로 정의한다. 실수 집합 $R$에서 정의된 연속랜덤변수 $X$에 대해 다음 세 가지 조건을 만족하는 함수 $f(x)$를 확률밀도 함수(probability density function)라 한다.

i) $x \in R$인 모든 $x$에 대해 $f(x) \geq 0$ (2.56)

ii) $\displaystyle\int_{-\infty}^{\infty} f(x)\,dx = 1$ (2.57)

iii) $a < x < b$인 확률은 $P(a < X \leq b) = \displaystyle\int_{a}^{b} f(x)\,dx$ (2.58)

확률변수 $X$는 확률밀도 함수 $f(x)$에 의해 특성이 주어진다.

식 (2.58)과 같이 확률밀도 함수 $f(x)$로부터 확률 $P(a < X \leq b)$를 계산하는 것은 그림 2.7에서 보는 바와 같이 함수 $f(x)$ 아래의 면적을 구하는 것과 같다.

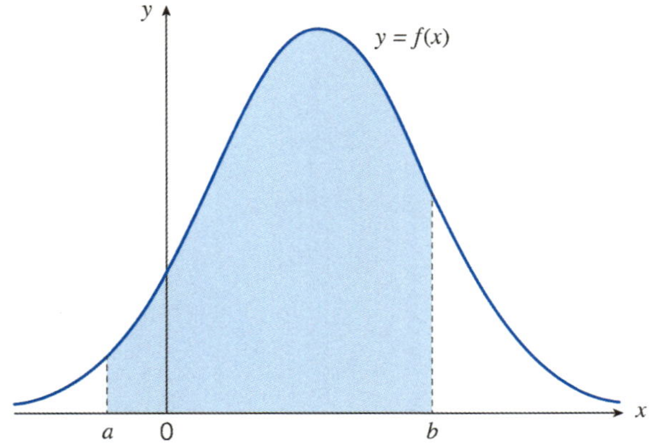

그림 2.7 확률밀도 함수와 확률



**예제 2-3**

**확률변수 $X$에 대하여 확률밀도 함수 $f(x)=2x$가 $1 \leq x \leq \alpha$에서 정의될 때 $\alpha$를 구하시오.**

주어진 확률밀도 함수는 $1 \leq x \leq \alpha$의 범위에서 $f(x) = 2x \geq 0$로 식 (2.56)을 만족함을 알 수 있다. 식 (2.57)에 의해 정의된 범위에서 총면적은 1이 되어야 한다.

$$\int_1^\alpha f(x)\, dx = 1$$

따라서 이를 계산하면 다음과 같이 전개할 수 있다.

$$\int_1^\alpha f(x)\, dx = \int_1^\alpha 2x\, dx = \left[ x^2 \right]_{x=1}^{x=\alpha} = \alpha^2 - 1$$

이는 식 (2.57)에 의해 1이 되어야 하므로

$$\alpha^2 - 1 = 1$$

이고, $\alpha = \sqrt{2}$ 이다.

**확률밀도 함수가 $-1 \leq x \leq 2$에서 다음과 같이 정의된다.**

$$f(x) = \frac{x^2}{3}$$

**확률 $P(0 \leq X \leq 1)$을 구하시오.**

주어진 확률밀도 함수는 $-1 \leq x \leq 2$의 범위에서 $f(x) \geq 0$로 식 (2.56)을 만족함을 알 수 있다. 또한

$$\int_{-1}^{2} f(x)\, dx = \int_{-1}^{2} \frac{x^2}{3}\, dx = \left[ \frac{x^3}{9} \right]_{x=-1}^{x=2} = \frac{2^3}{9} - \frac{(-1)^3}{9} = 1$$

로 식 (2.57)을 만족한다. 확률변수 $X$가 $0 < x < 1$일 확률 $P(0 \leq X \leq 1)$는

$$P(0 \leq X \leq 1) = \int_{0}^{1} \frac{x^2}{3}\, dx = \left[ \frac{x^3}{9} \right]_{x=0}^{x=1} = \frac{1^3}{9} - \frac{0^3}{9} = \frac{1}{9}$$

이다.

연속확률변수 $X$의 확률밀도 함수 $f(x)$에 대해 다음과 같이 표현되는 함수를 누적분포 함수 (cumulative distribution function)라고 한다.

$$F(x) = \int_{-\infty}^{x} f(t)\, dt \tag{2.59}$$

누적분포 함수는 다음과 같은 성질을 가진다.

i ) $F(x) = P(X \leq x)$ (2.60)

ii) $F(-\infty) = 0,\ F(+\infty) = 1$ (2.61)

iii) $x_1 \leq x_2$ 이면 $F(x_1) \leq F(x_2)$ (2.62)

iv) $F'(x) = f(x)$ (2.63)

v) $P(a \leq X \leq b) = F(b) - F(a) = \int_{a}^{b} f(t)\, dt$ (2.64)

연속확률변수 $X$의 누적분포 함수가 다음과 같다.

$$F(x) = 1 - e^{-0.1x}$$

(1) $P(3 \leq X \leq 5)$를 구하시오.

(2) 확률밀도 함수 $f(x)$를 구하시오.

(1) 식 (2.64)에 의해 $P(3 \leq X \leq 5)$는 다음과 같다.

$$P(3 \leq X \leq 5) = F(5) - F(3)$$

$$= \left[1 - e^{-0.1 \times 5}\right] - \left[1 - e^{-0.1 \times 3}\right] = e^{-0.3} - e^{-0.5} = 0.134$$

(2) 식 (2.63)에 의해 확률밀도 함수는 다음과 같이 계산한다.

$$f(x) = F'(x) = -0.1 e^{-0.1x}$$

## 2.2.2 연속확률변수의 기댓값과 분산 또는 표준편차

연속확률변수의 평균 또는 기댓값은 이산확률변수의 기댓값 공식에서 합을 나타내는 $\sum$를 적분으로 하면 된다. 이산확률변수는 공식

$$E[X] = \sum_{i=1}^{n} x_i P_i \tag{2.65}$$

이며, 연속확률변수는 다음과 같이 적분 계산으로 수행한다.

$$E[X] = \int_{-\infty}^{\infty} x f(x) \, dx \tag{2.66}$$

구간 $(0, \infty)$에서 확률밀도 함수가 $f(x) = \lambda e^{-\lambda x}$, $\lambda > 0$로 주어지는 확률변수 $X$의 기댓값을 구하시오.

식 (2.66)에 의해 기댓값은 다음과 같이 주어진다.

$$E[X] = \int_0^\infty x f(x)\, dx = \int_0^\infty x \lambda e^{-\lambda x}\, dx$$

우측의 적분은 부분적분 공식

$$\int u\, dv = uv - \int v\, du$$

을 이용하여 풀 수 있다. 여기서

$$u = x,\ dv = e^{-\lambda x}\, dx$$

라고 하면,

$$du = dx,\ v = \int e^{-\lambda x}\, dx = -\frac{e^{-\lambda x}}{\lambda}$$

이므로, 주어진 적분은 다음과 같이 전개된다.

$$\lambda \int_0^\infty x e^{-\lambda x}\, dx = \lambda \underbrace{\left[ -x\frac{e^{-\lambda x}}{\lambda} \right]_{x=0}^{x=\infty}}_{=0} + \int_0^\infty e^{-\lambda x}\, dx$$

$$= \left[ -\frac{e^{-\lambda x}}{\lambda} \right]_{x=0}^{x=\infty} = \frac{1}{\lambda}$$

따라서 기댓값은

$$E[X] = \frac{1}{\lambda}$$

이다.

연속확률변수 $X$와 $Y$가 독립이고 $a, b$가 상수일 때 기댓값은 다음과 같은 성질을 갖는다. 이는 이산확률변수의 성질과 같은 것으로, 이산확률변수와 유사한 방식으로 증명할 수 있다.

$$E[a] = a \tag{2.67}$$

$$E[aX + b] = aE[X] + b \tag{2.68}$$

$$E[aX + bY] = aE[X] + bE[Y] \tag{2.69}$$

연속확률변수의 분산도 이산확률변수의 분산 공식에서 합을 나타내는 $\sum$를 적분으로 대치하여 계산한다. 확률변수 $X$의 기댓값이 $\mu$일 때 이산확률변수의 공식은

$$Var(X) = \sum_{i=1}^{n} (x_i - \mu)^2 P_i \tag{2.70}$$

로 주어지고 연속확률변수는 다음과 같이 적분으로 주어진다.

$$Var[X] = \int_{-\infty}^{\infty} (x - \mu)^2 f(x)\, dx \tag{2.71}$$

이 식은 다음과 같이도 나타낼 수 있다.

$$
\begin{aligned}
Var[X] &= \int_{-\infty}^{\infty} (x - \mu)^2 f(x)\, dx \\
&= \int_{-\infty}^{\infty} (x^2 - 2\mu x + \mu^2) f(x)\, dx \\
&= \int_{-\infty}^{\infty} x^2 f(x)\, dx - 2\mu \int_{-\infty}^{\infty} x f(x)\, dx + \mu^2 \int_{-\infty}^{\infty} f(x)\, dx \\
&= E[X^2] - \mu^2
\end{aligned}
\tag{2.72}
$$

분산은 '제곱의 평균에서 평균의 제곱을 뺀 값'으로 계산해도 된다.

**확률밀도 함수가 다음과 같이 주어질 때 확률변수 $X$의 분산을 구하시오.**

$$f(x) = \begin{cases} 1, & 0 \le 1 \\ 0, & \text{이외 구간} \end{cases}$$

식 (2.66)에 의해 $X$의 기댓값은 다음과 같이 계산한다.

$$E[X] = \int_{-\infty}^{\infty} x\, f(x)\, dx = \int_0^1 x \cdot 1\, dx = \left[\frac{1}{2} x^2\right]_{x=0}^{x=1}$$
$$= \frac{1}{2}$$

또한 확률변수 $X^2$의 기댓값은 다음과 같이 계산한다.

$$E[X^2] = \int_{-\infty}^{\infty} x^2 f(x)\, dx = \int_0^1 x^2 \cdot 1\, dx = \left[\frac{1}{3} x^3\right]_{x=0}^{x=1}$$
$$= \frac{1}{3}$$

식 (2.72)를 이용하면 분산은 다음과 같이 계산한다.

$$Var[X] = E[X^2] - (E[X])^2$$
$$= \frac{1}{3} - \left(\frac{1}{2}\right)^2 = \frac{1}{12}$$

연속확률변수 $X$와 $Y$가 독립이고, $a, b$가 상수일 때 분산은 다음과 같은 성질을 갖는다. 이산 확률변수와 유사한 방식으로 증명을 할 수 있다.

$$Var(b) = 0 \tag{2.73}$$

$$Var(aX + b) = a^2\, Var(X) \tag{2.74}$$

$$Var(aX + bY) = a^2\, Var(X) + b^2\, Var(Y) \tag{2.75}$$

특히, 식 (2.75)는 합성 불확도 계산에 사용하는 불확도 전파법칙[8]과 연관된 중요한 공식이다. 서로 독립인 두 확률변수 $X$와 $Y$가 선형 결합이 아닌 임의의 함수 $Z = f(X, Y)$로 결합되어 있고, 그것의 평균은 $z_0 = f(x_0, y_0)$이며, 확률변수 $X$와 $Y$도 각각 $x_0$와 $y_0$ 근처에 있다고 가정하자. 결합함수 $z = f(x, y)$를 $x_0$와 $y_0$ 근처에서 테일러급수(Taylor series)[2]로 전개하면 다음과 같이 근사식을 얻는다.

$$z = f(x, y) \simeq f(x_0, y_0) + \frac{\partial f_0}{\partial x}(x - x_0) + \frac{\partial f_0}{\partial y}(y - y_0) \tag{2.76}$$

여기서 수식을 간단히 표시하기 위해 다음과 같은 표기법을 사용하였다.

$$\frac{\partial f_0}{\partial x} = \left. \frac{\partial f}{\partial x} \right|_{\substack{x = x_0 \\ y = y_0}} \tag{2.77}$$

$$\frac{\partial f_0}{\partial y} = \left. \frac{\partial f}{\partial y} \right|_{\substack{x = x_0 \\ y = y_0}} \tag{2.78}$$

확률변수 $Z = f(X, Y)$의 분산을 계산하면 다음과 같다.

$$Var(Z) = Var\left( f(x_0, y_0) + \frac{\partial f_0}{\partial x}(X - x_0) + \frac{\partial f_0}{\partial y}(Y - y_0) \right) \tag{2.79}$$

여기에 식 (2.73) 및 식 (2.74)를 적용하면 식 (2.79) 우변의 첫 항은 사라지고

$$Var(Z) = \left( \frac{\partial f_0}{\partial x} \right)^2 Var(X) + \left( \frac{\partial f_0}{\partial y} \right)^2 Var(Y) \tag{2.80}$$

이를 표준편차 $\sigma_x, \sigma_y, \sigma_z$를 이용하여 나타내면 다음과 같다.

$$\sigma_z^2 = \left( \frac{\partial f_0}{\partial x} \right)^2 \sigma_x^2 + \left( \frac{\partial f_0}{\partial y} \right)^2 \sigma_y^2 \tag{2.81}$$

---

2) 미분을 이용하여 다항식의 근사로 함수를 표현하는 공식.

이는 두 확률변수 $X$와 $Y$가 임의의 함수 $Z = f(X, Y)$로 결합되어 있을 때 표준편차를 합성하는 방법을 나타내며, 불확도 전파법칙(propagation of uncertainty)의 기반이 된다.

식 (2.81)을 일반화할 경우, 다음과 같이 나타낼 수 있다. 서로 독립인 확률변수 $X_1, X_2, \cdots, X_n$이 함수 $Z = f(X_1, X_2, \cdots, X_n)$로 연결될 때 분산과 표준편차는 아래와 같이 합성된다.

$$\sigma_z^2 = \left(\frac{\partial f_0}{\partial x_1}\right)^2 \sigma_{x_1}^2 + \left(\frac{\partial f_0}{\partial x_2}\right)^2 \sigma_{x_2}^2 + \cdots + \left(\frac{\partial f_0}{\partial x_n}\right)^2 \sigma_{x_n}^2 = \sum_{i=1}^{n}\left(\frac{\partial f_0}{\partial x_i}\right)^2 \sigma_{x_i}^2 \tag{2.82}$$

$$\sigma_z = \sqrt{\sum_{i=1}^{n}\left(\frac{\partial f_0}{\partial x_i}\right)^2 \sigma_{x_i}^2} \tag{2.83}$$

## 2.2.2.1 불확도 전파 법칙 사례 — 곱으로 된 확률변수의 표준편차 합성

표준편차를 합성하는 식 (2.37)과 식 (2.83)은 유사한 형태이면서 다르다. 식 (2.83)은 식 (2.37)보다 더 일반화된 형태이다. (2.37)은 모든 확률변수가 서로 독립이며 선형의 합으로 구성될 때 그 표준편차 또는 불확도를 합성하는 공식이다. 전자파 분야에서 측정에 영향을 미치는 요인들은 대체로 서로 독립된 요소(확률변수)가 선형 합으로 되어 있는 경우가 많다. 전자파 분야에서는 측정량을 상댓값인 dB 단위로 나타내는 경우가 많은데, 이 경우 확률변수가 선형 합으로 나타내어지고, 식 (2.37)을 이용하여 합성 불확도를 계산하면 된다.

몇 가지 관계에서는 식 (2.83)을 사용해야 하는 경우가 있는데 그 사례를 들어보자. 전력($P$)를 계산하기 위하여 전압($V$)과 전류($I$)를 측정한다고 하자. 그러면 전력과 전압 및 전류 사이의 관계는 다음과 같다.

$$P = I \times V$$

전력 $P$를 측정할 때의 불확도 요인은 전류 $I$를 측정할 때 영향을 미치는 불확도와 전압 $V$를 측정하는 데 영향을 미치는 불확도를 합성해야 할 것이다.

측정의 불확도는 표준편차, 분산 등 분산 특성을 나타내는 파라미터로 정의한다. 여기서는 표준편차를 불확도라고 하자. 전력 측정의 불확도를 $u_P$, 전류를 측정할 때 산출된 불확도를 $u_I$, 전압을 측정할 때 산출된 불확도를 $u_V$라고 하면 식 (2.82)에 따라 다음과 같이 합성된다.

$$u_P^2 = \left(\frac{\partial P}{\partial I}\right)^2 u_I^2 + \left(\frac{\partial P}{\partial V}\right)^2 u_V^2 = (V u_I)^2 + (I u_V)^2 \tag{2.84}$$

여기서 다음과 같은 관계식이 사용되었다.

$$\frac{\partial P}{\partial I} = \frac{\partial}{\partial I}(IV) = V$$

$$\frac{\partial P}{\partial V} = \frac{\partial}{\partial V}(IV) = I$$

식 (2.84)의 세 번째 항에 따르면 전력 $P$를 측정할 때 전력 측정 불확도의 제곱 $u_P^2$는 전압에 전류 측정 불확도를 곱하고 그것의 제곱을 한 후 전류에 전압 측정 불확도를 곱한 값의 제곱을 더하는 것과 같다. 식 (2.84)에서 전류값과 전압값은 모두 측정값이라는 점에 주의할 필요가 있으며 $u_I$와 $u_V$는 전류 및 전압 각각을 측정할 때 각각에 영향을 미치는 모든 불확도 요인을 합성한 불확도임을 명심해야 한다. 확률변수가 전력을 측정할 때와 같이 두 변수가 단순 곱이 아니라 다른 형태의 함수라 하더라도 불확도를 합성하여 계산할 때도 식 (2.82)를 적용할 수 있다.

---

### 👀 연속확률변수의 기댓값 및 분산

확률변수 $X$의 기댓값:

$$E[X] = \int_{-\infty}^{\infty} x f(x)\, dx$$

확률변수 $X$의 분산:

$$Var[X] = \int_{-\infty}^{\infty} (x-\mu)^2 f(x)\, dx = E[X^2] - \mu^2$$

기댓값의 성질:

$$E[a] = a$$
$$E[aX + b] = aE[X] + b$$
$$E[aX + bY] = aE[X] + bE[Y]$$

분산의 성질:

$$Var(b) = 0$$

$$Var(aX + b) = a^2 Var(X)$$

$$Var(aX + bY) = a^2 Var(X) + b^2 Var(Y)$$

확률변수 $X$와 $Y$가 독립일 경우:

$$E[XY] = E[X]\,E[Y]$$

## 2.3 전파 측정에서 등장하는 주요 확률분포[1]

### 2.3.1 정규분포

정규분포(normal distribution)는 가우스분포(Gaussian distribution)라고도 하며, 평균을 중심으로 좌우 대칭의 종(bell) 모양을 갖는 확률분포이다. 자연과학, 공학 및 사회과학 등에서 확률과 통계 계산에 사용되는 가장 중요한 확률분포이다.

학교에서 학생들의 키(신장)를 자료로 통계분석을 하면 상당한 비율이 평균 키 주변에 집중되어 있고 평균을 중심으로 일정한 범위 안에 학생들의 키가 모두 포함된다는 것을 관찰할 수 있다. 평균 키가 170 cm라 하면 평균과 차이가 많은 150 cm나 190 cm 키의 학생은 드물다. 학생들 키의 분포는 평균 근처에서 가장 높은 확률을 가지며 평균에서 멀어질수록 그 확률이 감소하는 종 모양의 확률분포를 보인다. 이는 정규분포와 매우 유사하다.

이외에도 공기 분자의 운동에너지 분포 등과 같은 자연 현상을 매우 잘 표현하는 확률 모형이 정규분포이며 제품 수명 등 일상생활에서 접하는 많은 것들이 대부분 정규분포에 가깝다. 실험이나 관찰을 통하여 수집된 자료 집단은 대부분 정규분포를 따르기 때문에 자연과학은 물론 사회과학 현상을 분석할 때 가장 빈번하게 활용되며 통계학에서 가장 중요한 확률분포이다. 정규분포라는 명칭을 사용하는 것은 이 분포 외 다른 분포들이 비정규 또는 비정상적임을 표현하려는 것은 아니다. 이러한 혼동을 피하기 위하여 정규분포를 가우스분포라고 한다.

실험 오차들의 분포가 정규분포를 따르는 경우가 많아 측정 불확도 분석에서 가장 많이 이용되는 확률분포이다.

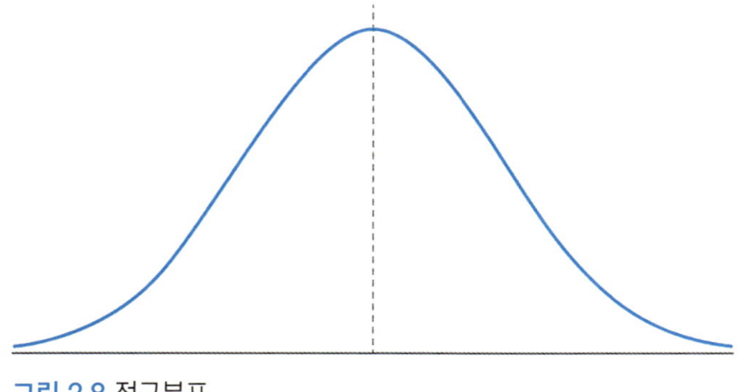



### 2.3.1.1 정규분포의 역사

1654년 프랑스의 도박사 슈발리에 드 메레(Chevalier de Méré)는 도박에서 이길 확률을 계산하였다. 그는 2개의 주사위를 던졌을 때 1이 한 번이라도 나올 확률에 관한 문제와 네 번의 주사위 던지기에서 특정 숫자가 한 번이라도 나올 확률에 관한 문제를 제기하였고, 이 문제들은 블레즈 파스칼(Blaise Pascal)과 피에르 드 페르마(Pierre de Fermat)가 확률론을 연구한 중요한 계기가 되었다.

아브라함 드 무아브르(Abraham de Moivre)는 파스칼과 페르마의 연구에서 영향을 받아 확률론을 더욱 발전시켰다. 그는 이항분포를 연구하면서, 큰 수의 법칙을 통해 이항분포가 정규분포로 근사될 수 있음을 발견했다. 1733년 '기회의 원칙(The Doctrine of Chances)'을 통해 이항분포를 정규분포로 근사하는 방법을 설명했는데, 이는 중심극한정리의 초기 형태였다.

피에르–시몽 라플라스(Pierre-Simon Laplace)는 확률론 연구에서 정규분포와 관련된 중요한 개념들을 확립했다. 그는 이항분포의 극한을 연구하면서, 정규분포가 통계적 문제에서 자주 나타나는 일반적인 패턴임을 보여주었고, 중심극한정리를 체계적으로 정리하여 큰 표본 크기에서 표본 평균이 정규분포를 따른다는 것을 증명했다.

동전을 1000회 던져서 앞면이 400회 나올 확률은 이항분포의 확률분포 관계식 (2.44)에 따라

$$\binom{1000}{400}\left(\frac{1}{2}\right)^{400}\left(\frac{1}{2}\right)^{600} \tag{2.85}$$

이 된다. 그런데 이 값을 계산하기란 매우 어려운 일이다. (2.85)에서 $(1/2)^{400}$ 이나 $(1/2)^{600}$ 은 컴퓨터가 없던 그 시절에 계산하기가 만만치 않았다. 이러한 확률 계산은 시행횟수 $n$ 이 작은 경우

쉽게 계산할 수 있지만 $n$이 커지면 계산 자체가 불가능해진다. 드 무아브르는 미적분학을 사용하여 $p = 0.5$일 때 시행횟수 $n$이 커지면 간단하게 표현할 수 있는 연속의 어떤 확률밀도 함수에 가깝게 접근해간다는 것을 보였다. 그 결과 매끄럽고 대칭적인 종 모양의 곡선을 얻는데, 드 무아브르는 그 곡선을 $\pi$와 자연 대수 $e$를 써서 나타냈다. 이것이 바로 표준정규분포 함수이다. 드 무아브르는 표준정규분포가 $p = 0.5$를 가진 근사 이항분포에 잘 들어맞는다는 것을 증명했지만 이것은 사실 어떠한 $p$에 대해서도 성립한다. 성공 확률 $p$로 확률 실험을 $n$회 시행할 경우, 확률분포는 $N(np, npq)$에 근사된다. 여기서 $N(\mu, \sigma^2)$는 평균이 $\mu$이고 분산이 $\sigma^2$인 정규분포를 말한다.

카를 프리드리히 가우스(Carl Friedrich Gauss, 1777-1855)는 천문학의 데이터를 분석하면서 정규분포를 독립적으로 연구했다. 그는 천체의 위치를 추적하는 과정에서 발생하는 오차가 정규분포를 따른다는 것을 발견했다. 가우스는 1809년 저서를 통해 이 분포를 '오차의 법칙'으로 설명하였으며, 그의 이름을 따서 가우스분포라고 했다.

가우스분포가 정규분포라 불리게 된 것은 영국의 통계학자 프랜시스 골턴(Francis Galton)과 칼 피어슨(Karl Pearson)의 연구에서 비롯하였다. 19세기 후반과 20세기 초반에 걸쳐 이들은 정

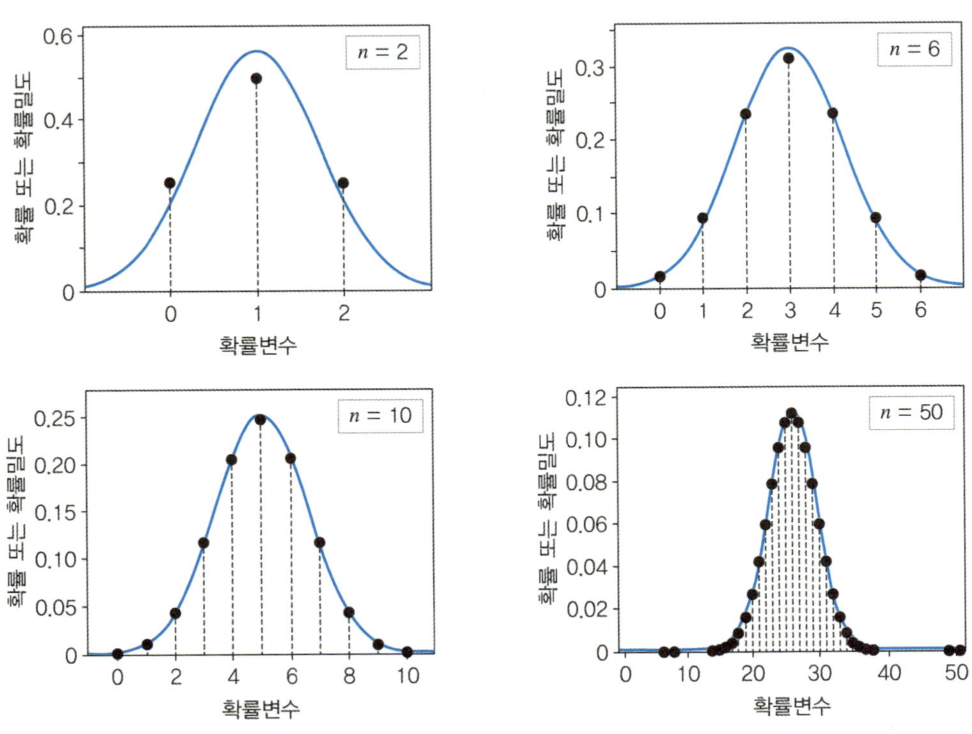

그림 2.9 이항분포와 정규분포

규분포가 자연 현상에서 매우 흔하게 나타나는 보편의 패턴임을 발견했다. 프랜시스 골턴은 키와 지능 등 인간의 특성들이 자연스러운 보편 패턴을 따른다는 것을 발견했으며 칼 피어슨은 통계학과 확률론을 체계적으로 정립하는 과정에서 정규분포를 중요한 기준으로 삼았다. 다양한 데이터의 표본에서 정규분포가 나타나는 것을 칼 피어슨이 관찰하였다. 이러한 데이터를 그가 보통(normal)의 분포라 언급하면서 정규분포(normal distribution)가 용어로 확립되었다.

통계학 발전 초기에는 모든 자료의 히스토그램이 정규분포 곡선과 가까운 형태여야 옳으며 그렇지 않을 경우는 자료 수집이 잘못되었다고 판정하는 기준으로 사용했다. 그러나 정규분포 이외의 분포들이 확률 모형에 더 적합한 경우도 많이 있으므로 초기의 개념이 반드시 옳다고 볼 수는 없다. 그러나 정규분포는 통계학 이론의 근간이며 여러 분야에서 광범위하게 응용되고 있다.

### 2.3.1.2 정규분포의 수학 형식

정규분포의 확률밀도 함수는 다음과 같은 식으로 표현된다.

$$f(x) = \frac{1}{\sqrt{2\pi\sigma^2}}\, e^{-\frac{(x-\mu)^2}{2\sigma^2}} \tag{2.86}$$

여기서 $\mu$는 분포의 평균, $\sigma$는 표준편차, $\pi$는 원주율, $e$는 오일러 수(Euler's number)로서 $e \simeq 2.71828$이다. 정규분포의 확률밀도 함수에서 평균 $\mu$와 표준편차 $\sigma$를 제외하고는 모두 상수이기 때문에 정규분포의 모양을 결정하는 것은 분포의 평균($-\infty < \mu < +\infty$)과 분산($0 < \sigma^2 < +\infty$)이다.

정규분포의 확률밀도 함수를 보면 분포의 중심에 평균 $\mu$가 있고, 평균을 중심으로 좌우 대칭이며, 확률밀도가 평균 근처에 집중되어 전체적으로는 종 모양 곡선이다. 또한 $\mu$ 값이 클수록 분포의 중심 위치는 오른쪽으로 치우치고, $\sigma^2$ 값이 클수록 분포가 평균을 중심으로 넓게 흩어짐을 볼 수 있다.

정규분포의 확률밀도 함수는 다음과 같은 특성을 갖는다.
- 분산은 같고 평균이 변화할 때 분포의 중심 위치만 변화한다.
- 평균은 같고 분산이 다를 경우 분포의 퍼짐이 변화한다.
- 평균 $\mu$를 중심으로 종 모양 대칭이다.

- 평균(mean), 중앙값(median), 최빈값(mode)은 모두 같다.
- 평균 $\mu$로부터 멀어지면 0에 수렴한다.
- 곡선과 $x$축 사이의 넓이는 1이다.

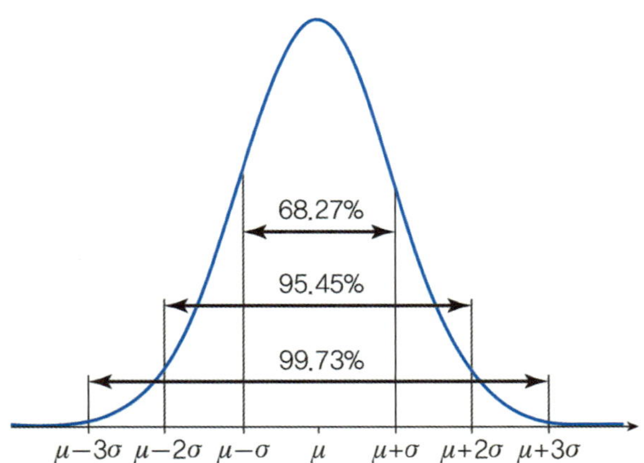


그림 2.10 정규분포와 표준편차($\sigma$)의 배수에 따른 확률

정규분포에서는 표준편차 $\sigma$에 따라 분포의 흩어짐이 결정된다. 그림 2.10으로부터, 평균 $\mu$로부터 1배 표준편차 범위 $(\mu - \sigma < x < \mu + \sigma)$의 비율은 68.26%이고, 2배 $(\mu - 2\sigma < x < \mu + 2\sigma)$는 95.44%, 3배 $(\mu - 3\sigma < x < \mu + 3\sigma)$는 99.72%로서, 대부분 확률변수가 $\mu \pm 3\sigma$ 내에 포함되는 것을 알 수 있다.

정규분포를 따르는 확률변수를 정규확률변수(normal random variable)라 한다. 정규확률변수는 $-\infty$부터 $+\infty$까지 어떠한 실숫값도 취할 수 있고, 정규 확률밀도 함수 $f(x)$는 연속이며 모든 $x$에 대해 양의 함숫값을 갖는다. 확률변수 $X$의 평균이 $\mu$이고 분산이 $\sigma^2$인 정규분포라고 한다면, 다음과 같이 표기한다.

$$X \sim N(\mu, \sigma^2) \tag{2.87}$$

정규분포는 평균 $\mu$와 분산 $\sigma^2$에 의해 무수히 많은 분포의 형태를 이루기 때문에 정규분포의 특성을 비교하거나 확률을 계산하기 위해서는 정규분포를 대표하여 하나의 표준이 되는 분포가 필요하다. 평균이 $\mu = 0$이고 분산이 $\sigma^2 = 1$인 정규분포를 표준정규분포(standard normal distribution)라 한다. 이 분포를 따르는 확률변수는 $Z$로 나타내며,

$$Z \sim N(0, 1) \tag{2.88}$$

과 같이 표현한다.

### 2.3.1.3 정규분포의 확률 계산[7]

평균이 $\mu = 0$이고 분산이 $\sigma^2 = 1$인 표준정규분포의 구간확률은 확률밀도 함수 $f_Z(z)$와 가로축 사이의 면적 중 구간에 속하는 부분의 면적이다. 따라서 구간이 $-\infty$부터 $+\infty$까지라 하면 구간확률은 함수 $f_Z(z)$ 아래의 모든 면적이 되고 그 값은 1이다. 구간이 $-\infty$부터 0 또는 0부터 $+\infty$까지면 구간확률은 $f_Z(z)$ 아래 모든 면적이 반이 되어 값은 0.5가 된다. 이런 특수한 구간이 아닌 일반적인 구간의 확률은 앞의 경우처럼 쉽게 계산되지 않는다.

표준정규분포에서 $a \leq z \leq b$인 구간의 확률은 다음과 같이 계산한다.

$$f_Z(z) = \frac{1}{\sqrt{2\pi}} e^{-\frac{z^2}{2}} \tag{2.89}$$

$$P_Z(a \leq Z \leq b) = F_Z(b) - F_Z(a) = \int_a^b \frac{1}{\sqrt{2\pi}} e^{-\frac{z^2}{2}} dz \tag{2.90}$$

이 구간의 확률값을 계산하기 위한 과정이 쉽지 않으므로 표준정규분포의 누적분포 함수를 미리 계산하여 본 책 말미에 있는 부록의 표준정규분포표($Z$-table)를 이용하면 된다. 이 표는 표준정규분포의 누적분포 함수의 값으로 다음 확률과 같다.

$$F_Z(z) = P(Z \leq z) \tag{2.91}$$

표 2.9는 부록의 표준정규분포표의 일부를 발췌한 것이다.

이 표에서 $z$값은 세로축을 먼저 읽고, 가로축 값을 더하여 사용한다. $F_Z(0.24)$의 값을 찾고 싶은 경우 $F_Z(0.24) = F_Z(0.2 + 0.04)$와 같이 분리하고 세로축에서 0.2를 찾은 후 가로축에서 0.04를 찾아

$$F_Z(0.24) = F_Z(0.2 + 0.04) = 0.5948349 \tag{2.92}$$

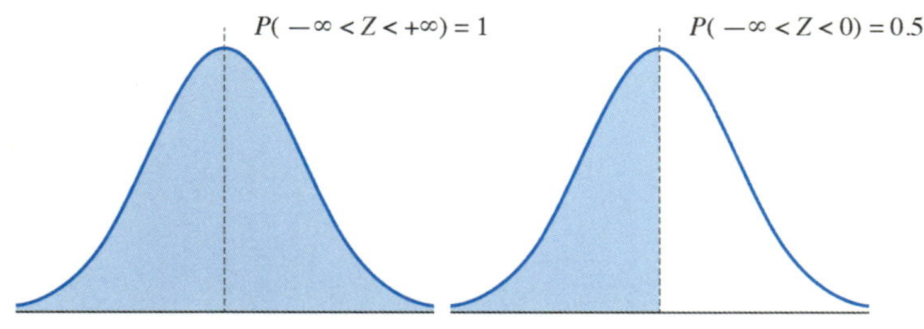

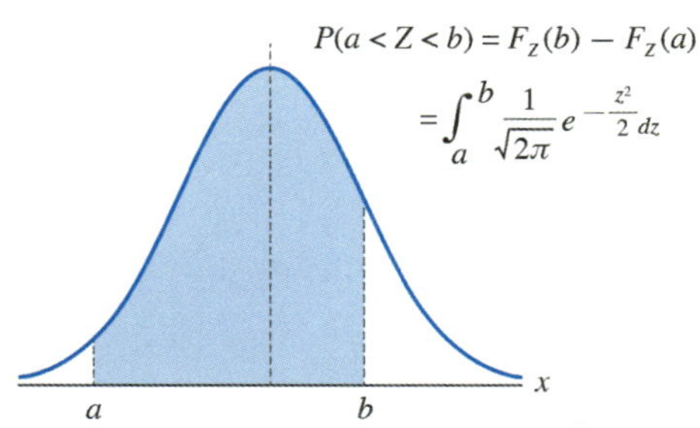

**그림 2.11** 정규분포의 확률 계산

와 같이 읽으면 된다. $F_Z(0.24) = 0.5948349$는 표준 정규확률변수 $Z$가 $0.24$보다 작은 값을 취할 확률이다.

**표 2.9** 표준정규분포표의 일부

| $z$ | +0 | +0.01 | +0.02 | +0.03 | +0.04 | +0.05 |
|---|---|---|---|---|---|---|
| 0.0 | 0.5000000 | 0.5039894 | 0.5079783 | 0.5119665 | 0.5159534 | 0.5199388 |
| 0.1 | 0.5398278 | 0.5437953 | 0.5477584 | 0.5517168 | 0.5556700 | 0.5596177 |
| 0.2 | 0.5792597 | 0.5831662 | 0.5870644 | 0.5909541 | 0.5948349 | 0.5987063 |
| 0.3 | 0.6179114 | 0.6217195 | 0.6255158 | 0.6293000 | 0.6330717 | 0.6368307 |
| 0.4 | 0.6554217 | 0.6590970 | 0.6627573 | 0.6664022 | 0.6700314 | 0.6736448 |

확률밀도 함수 $f_Z(z)$가 $z = 0$에 대해 대칭이므로 $z$의 값이 음수일 경우에도 표준정규분포의 누적분포 함수표를 이용하여 누적분포 함수 값을 계산할 수 있다. $z_0 > 0$이라고 할 때 표준정규확률변수 $Z$가 $-z_0$보다 작은 값을 취할 확률을 계산하려면 $P(Z < -z_0)$을 구해야 한다. 그런데, $f_Z(z)$가 $z = 0$에 대해 대칭이므로 $P(Z < -z_0)$은 $P(Z > +z_0)$와 동일하다. 따라서 $P(Z < -z_0)$은 다음과 같이 구할 수 있다.

$$P(Z < -z_0) = P(Z > +z_0) = 1 - P(Z < +z_0) = 1 - F_Z(z_0) \tag{2.93}$$

$$F_Z(-z_0) = 1 - F_Z(z_0) \tag{2.94}$$

과 같은 관계를 이용할 수 있다.

예를 들면 $P(Z \leq -0.24)$을 구할 때는 다음과 같이 계산한다.

$$P(Z < -0.24) = F_Z(-0.24) = 1 - F_Z(+0.24) \tag{2.95}$$
$$= 1 - 0.5948349 = 0.4051651$$

이번에는 앞의 경우와 반대로 특정 확률이 주어졌을 때 $z_0$의 값을 찾는 경우, 주어진 확률로부터 필요한 구간을 계산하는 방법을 찾아보자.

확률변수가 $z_0$보다 작을 확률이 0.55가 되는 $z_0$ 값을 구해보자. 이것은 $P(Z < z_0) = 0.55$를 만족하는 $z_0$ 값을 찾는 것과 같다. 확률 0.55는 0.5보다 크므로, $z_0$은 0보다 크다. 따라서

$$P(Z < z_0) = F_Z(z_0) = 0.55 \tag{2.96}$$

인 $z_0$를 $Z$-table에서 찾아보면,

$$z_0 = 0.12 \rightarrow F_Z(0.12) = 0.5477584 \tag{2.97}$$
$$z_0 = 0.13 \rightarrow F_Z(0.13) = 0.5517168 \tag{2.98}$$

이므로, $z_0 \simeq 0.12$ 이다.

정규분포의 확률변수 $X$는 선형 변환에 의해 표준화되는데, 이는 $X$의 특정 구간 $(a, b)$에 대한 확률을 구하기 위해 $X$의 확률밀도 함수를 $a$부터 $b$까지 적분을 해야 하는 복잡한 계산 과정을 생략할 수 있음을 의미한다. 정규분포는 확률변수 $X$를 선형 변환하여 표준화한 다음 표준정규분포표를 이용하여 $X$의 특정 구간의 확률을 구할 수 있다. 평균이 $\mu$이고 분산이 $\sigma^2$인 정규분포 $X \sim N(\mu, \sigma^2)$는 다음과 같이 $Z \sim N(0, 1)$로 선형 변환된다.

$$z = \frac{x - \mu}{\sigma} \tag{2.99}$$

$X \sim N(\mu, \sigma^2)$이고 $x_1 < x_2$이면 $P(x_1 < x < x_2)$는 다음과 같이 계산한다.

$$P(x_1 < x < x_2) = P\left(\frac{x_1 - \mu}{\sigma} < z < \frac{x_2 - \mu}{\sigma}\right) \tag{2.100}$$
$$= F_Z\left(\frac{x_2 - \mu}{\sigma}\right) - F_Z\left(\frac{x_1 - \mu}{\sigma}\right)$$

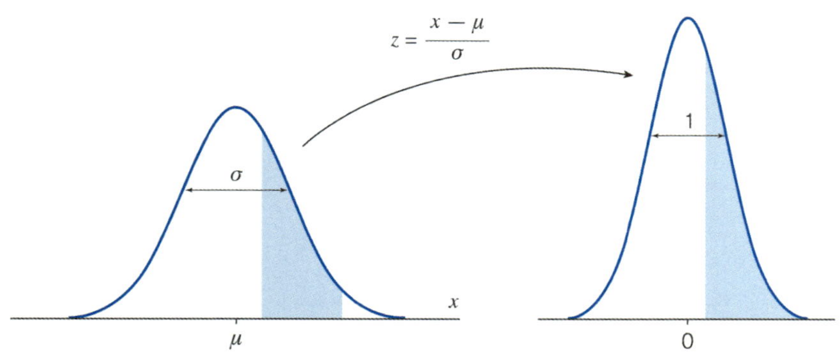


**그림 2.12** 정규분포에서 표준정규분포로 변환

측정 분야에서 많은 경우 신뢰 수준을 95%로 사용한다. 확률이 95%에 속하는 범위 $-k\sigma \leq x \leq k\sigma$를 찾으면 되는데, 확률분포가 주어지는 경우 $\sigma$가 알려지게 되므로, 포함 인자 $k$ 값을 찾으면 된다. 표준정규분포인 경우 $\sigma = 1$이므로 $P(-k < Z < k) = 0.95$인 $k$ 값을 찾는 것과 같다.

$$P(-k < Z < k) = F_Z(k) - F_Z(-k) = F_Z(k) - \left[1 - F_Z(k)\right] \tag{2.101}$$
$$= 2F_Z(k) - 1 = 0.95$$

다음을 만족하는 $k$를 찾으면 된다.

$$F_Z(k) = 0.975 \tag{2.102}$$

부록의 표준정규분포표로부터

$$z_0 = 0.195 \;\rightarrow\; F_Z(0.195) = 0.9744119 \tag{2.103}$$

$$z_0 = 0.196 \;\rightarrow\; F_Z(0.196) = 0.9750021 \tag{2.104}$$

이다. 따라서 신뢰도 95%에 해당하는 포함 인자는 $k \simeq 1.96$이다. 포함 인자가 $k = 2$인 경우 신뢰 수준은 95.45%이므로, 확률분포가 정규분포를 따르는 경우 $k = 2$를 사용하기도 한다.

## 2.3.2 직각분포

계측기의 분해능에 따른 오차나 크기 값만 알려진 복소수의 위상에 대한 추정 등의 경우 직각 분포로 추정한다. 불확도 성분 중 상당히 많은 요인의 확률분포가 대체로 직각분포로 추정된다.

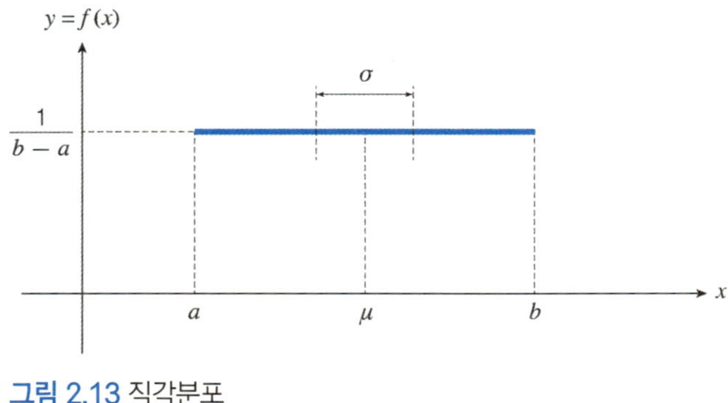


**그림 2.13** 직각분포

확률변수 $X$가 $a \le x \le b$에서 일정한 값을 갖는 확률분포를 살펴보자. 이러한 분포의 확률 밀도 함수를 $f(x)$라고 하고 $a \le x \le b$에서 가지는 일정한 값을 $C$라 하면, 확률밀도 함수는 다음과 같이 나타낼 수 있다.

$$f(x) = \begin{cases} C, & a \le x \le b \\ 0, & \text{그 밖의 경우} \end{cases} \tag{2.105}$$

확률밀도 함수의 정의에 따라 다음이 성립해야 한다.

$$\int_{-\infty}^{\infty} f(x)\,dx = 1 \tag{2.106}$$

이 식은 다음과 같이 계산한다.

$$\int_{-\infty}^{\infty} f(x)\,dx = \int_a^b C\,dx = C(b-a) = 1 \tag{2.107}$$

따라서

$$C = \frac{1}{b-a} \tag{2.108}$$

가 되고, 직각분포의 확률밀도 함수는 다음과 같다.

$$f(x) = \begin{cases} \dfrac{1}{b-a}, & a \le x \le b \\ 0, & \text{그밖의 경우} \end{cases} \tag{2.109}$$

직각분포의 기댓값은 아래와 같이 계산한다.

$$\mu = E[X] = \int_{-\infty}^{\infty} x f(x)\,dx = \int_a^b x \frac{1}{b-a}\,dx \tag{2.110}$$

$$= \frac{1}{b-a}\left[\frac{1}{2}x^2\right]_{x=a}^{b} = \frac{a+b}{2}$$

직각분포의 분산은 다음과 같이 계산된다.

$$\sigma^2 = E[X^2] - \mu^2 \tag{2.111}$$

여기서 $X^2$의 기댓값 $E[X^2]$은 다음과 같이 계산된다.

$$E[X^2] = \int_{-\infty}^{\infty} x^2 f(x)\,dx = \int_a^b x^2 \frac{1}{b-a}\,dx \tag{2.112}$$

$$= \frac{1}{b-a}\left[\frac{1}{3}x^3\right]_{x=a}^{b} = \frac{1}{3}\frac{b^3-a^3}{b-a}$$

$$= \frac{1}{3}\left(a^2 + ab + b^2\right)$$

따라서 분산은

$$\sigma^2 = \frac{1}{3}\left(a^2 + ab + b^2\right) - \frac{a+b}{2} = \frac{(b-a)^2}{12} \tag{2.113}$$

이고, 표준편차는

$$\sigma = \frac{b-a}{2\sqrt{3}} \tag{2.114}$$

이다. (b−a)의 반범위 $A$, 즉 $A = \dfrac{b-a}{2}$ 라 하면 식 (2.114)는 $\sigma = \dfrac{A}{\sqrt{3}}$ 로 쓸 수 있고, 이는 직각분포의 표준 불확도이다. 실무에 적용할 때는 반범위 $\sqrt{3}$ 으로 나눈 것이 표준 불확도라고 기억하면 편리하다.

확률의 95%가 속하는 범위 $-k\sigma \leq x \leq k\sigma$에 해당하는 $k$값, 포함 인자는 다음과 같이 찾을 수 있다.

$$P(-k\sigma \leq X \leq +k\sigma) = \int_{-k\sigma}^{+k\sigma} f(x)\, dx = \int_{-k\sigma}^{+k\sigma} \frac{1}{b-a}\, dx \tag{2.115}$$

$$= \frac{2k\sigma}{b-a} = \frac{2k}{b-a}\frac{b-a}{2\sqrt{3}} = \frac{k}{\sqrt{3}}$$

우변이 0.95가 되어야 하므로

$$k = \sqrt{3}\,0.95 \simeq 1.65 \tag{2.116}$$

이다.

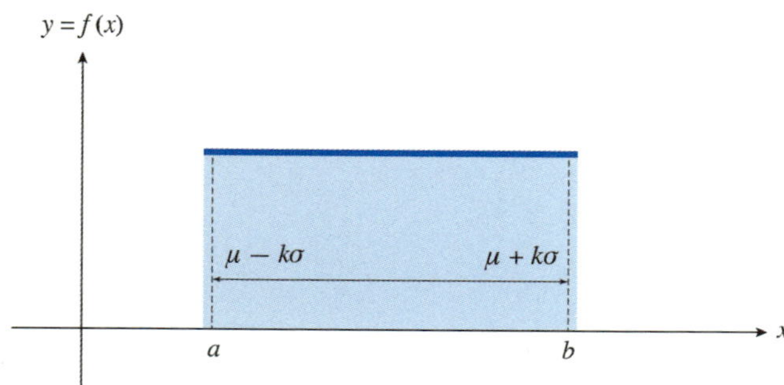



그림 2.14 직각분포의 포함 인자 계산

## 2.3.3 U자형 분포

고주파 시스템의 구성 장치 간에 임피던스 부정합이 있을 경우, 반사파가 존재하여 불확도 요인이 된다. 이러한 부정합에 의한 확률변수 $X$는 그림과 같이 U자형이며, 확률밀도 함수(부록 V 참조)는 다음과 같다.

$$f(x) = \begin{cases} \dfrac{1}{\pi \sqrt{A^2 - (x-\mu)^2}}, & \mu - A < x < \mu + A \\ 0, & \text{그 밖의 경우} \end{cases}$$

(2.117)

그림 2.15는 $\mu = 0$인 경우의 확률밀도 함수이다.

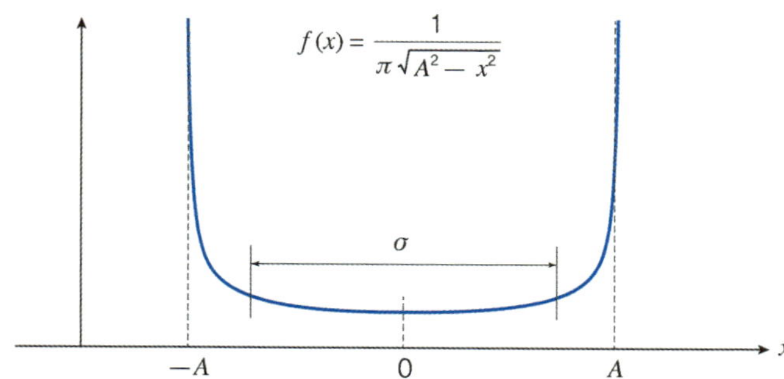



그림 2.15 U자형 분포의 확률밀도 함수

확률밀도 함수의 정의에 따라 다음이 성립해야 한다.

$$\int_{-\infty}^{\infty} f(x)\,dx = 1 \tag{2.118}$$

위 식에서 적분은 다음과 같이 전개된다.

$$\int_{-\infty}^{\infty} f(x)\,dx = \int_{\mu-A}^{\mu+A} \frac{1}{\pi \sqrt{A^2-(x-\mu)^2}}\,dx \tag{2.119}$$

적분 계산을 위해 다음과 같은 치환을 고려하자.

$$x = \mu + A\sin t \tag{2.120}$$

이 경우 다음과 같은 관계식을 얻을 수 있다.

$$dx = A\cos t\,dt \tag{2.121}$$

적분 구간 $\mu-A < x < \mu+A$는 $-\pi/2 < t < +\pi/2$이므로, 위 적분은 다음과 같이 전개된다.

$$\int_{\mu-A}^{\mu+A} \frac{1}{\pi \sqrt{A^2-(x-\mu)^2}}\,dx = \int_{-\pi/2}^{+\pi/2} \frac{1}{\pi \sqrt{A^2-A^2\sin^2 t}}\,A\cos t\,dt \tag{2.122}$$

여기서

$$\sqrt{A^2-A^2\sin^2 t} = A\sqrt{1-\sin^2 t} = A\sqrt{\cos^2 t} = A\cos t \tag{2.123}$$

이므로

$$\int_{-\pi/2}^{+\pi/2} \frac{1}{\pi \sqrt{A^2-A^2\sin^2 t}}\,A\cos t\,dt = \int_{-\pi/2}^{+\pi/2} \frac{1}{\pi}\,dt = 1 \tag{2.124}$$

이 되어 앞의 식을 만족한다는 것을 알 수 있다.

U자형 분포의 기댓값은 다음과 같이 계산한다.

$$\mu = E[X] = \int_{-\infty}^{\infty} x\, f(x)\, dx = \int_{\mu - A}^{\mu + A} \frac{x}{\pi \sqrt{A^2 - (x - \mu)^2}}\, dx \tag{2.125}$$

적분 계산을 위해 다시 다음과 같은 치환을 고려하자.

$$x = \mu + A \sin t \tag{2.126}$$

이 경우

$$dx = A \cos t\, dt \tag{2.127}$$

이고, 적분 구간은 $\mu - A < x < \mu + A$는 $-\pi/2 < t < +\pi/2$로 변경된다. 따라서 적분 식은 다음과 같이 전개된다.

$$\begin{aligned}
\int_{\mu - A}^{\mu + A} \frac{x}{\pi \sqrt{A^2 - (x - \mu)^2}}\, dx &= \int_{-\pi/2}^{+\pi/2} \frac{\mu + A \sin t}{\pi \sqrt{A^2 - A^2 \sin^2 t}}\, A \cos t\, dt \\
&= \int_{-\pi/2}^{+\pi/2} \frac{1}{\pi} (\mu + A \sin t)\, dt \\
&= \int_{-\pi/2}^{+\pi/2} \frac{\mu}{\pi}\, dt = \mu
\end{aligned} \tag{2.128}$$

여기서 $\sin t$는 기함수이므로 대칭되는 구간에서 적분이 0이라는 성질을 이용하였다. 따라서 U자형 분포의 기댓값은 $\mu$임을 알 수 있다.

U자형 분포의 분산을 계산하기 위해 $X^2$의 기댓값 $E[X^2]$을 먼저 계산하자.

$$E[X^2] = \int_{-\infty}^{\infty} x^2 f(x)\, dx = \int_{\mu - A}^{\mu + A} \frac{x^2}{\pi \sqrt{A^2 - (x - \mu)^2}}\, dx \tag{2.129}$$

동일한 치환 $x = \mu + A\sin t$를 이용하면, 적분은 다음과 같이 전개된다.

$$
\int_{\mu-A}^{\mu+A} \frac{x^2}{\pi\sqrt{A^2-(x-\mu)^2}}\,dx = \int_{-\pi/2}^{+\pi/2} \frac{(\mu+A\sin t)^2}{\pi\sqrt{A^2-A^2\sin^2 t}}\,A\cos t\,dt \tag{2.130}
$$

$$
= \frac{1}{\pi}\int_{-\pi/2}^{+\pi/2}(\mu+A\sin t)^2\,dt
$$

$$
= \frac{1}{\pi}\int_{-\pi/2}^{+\pi/2}(\mu^2+2\mu A\sin t + A^2\sin^2 t)\,dt
$$

$$
= \frac{\mu^2}{\pi}\int_{-\pi/2}^{+\pi/2}dt + \frac{2\mu A}{\pi}\int_{-\pi/2}^{+\pi/2}\sin t\,dt + \frac{A^2}{\pi}\int_{-\pi/2}^{+\pi/2}\sin^2 t\,dt
$$

$$
= \mu^2 + A
$$

여기서 $\sin t$는 기함수이므로 대칭되는 구간에서 적분이 0이라는 것을 이용하였다. 오른쪽의 적분은 다음을 이용하여 구할 수 있다.

$$
\int_{-\pi/2}^{+\pi/2}(\sin^2 t + \cos^2 t)\,dt = \int_{-\pi/2}^{+\pi/2}1\,dt = \pi \tag{2.131}
$$

주어진 구간 $-\pi/2 < t < +\pi/2$에서 $\sin^2 t$의 면적과 $\cos^2 t$의 면적은 같아서,

$$
\int_{-\pi/2}^{+\pi/2}\sin^2 t\,dt = \frac{\pi}{2} \tag{2.132}
$$

이다. 따라서

$$
E[X^2] = \mu^2 + \frac{A^2}{2} \tag{2.133}
$$

이다. 분산을 다음과 같이 계산한다.

$$
\sigma^2 = E[X^2] - \mu^2 = \frac{A^2}{2} \tag{2.134}
$$

표준편차는

$$\sigma = \frac{A}{\sqrt{2}} \tag{2.135}$$

이다. 직각분포에서 표준 불확도를 구할 때 반 범위 $\sqrt{3}$ 으로 나눈 것처럼, U자형 분포는 반범위 $\sqrt{2}$ 로 나눈 것이 표준 불확도라고 기억하면 편리하다.

확률의 95%가 속하는 범위 $-k\sigma \leq x \leq k\sigma$에 해당하는 $k$값, 포함 인자는 다음과 같이 찾을 수 있다. 여기서는 계산의 편의를 위해 $\mu = 0$을 가정하자.

$$P(-k\sigma \leq X \leq +k\sigma) = \int_{-k\sigma}^{+k\sigma} f(x)\,dx \tag{2.136}$$

$$= \int_{-k\sigma}^{+k\sigma} \frac{1}{\pi\sqrt{A^2-x^2}}\,dx = 0.95$$

적분 계산을 위해 다음과 같은 치환을 고려하자.

$$x = A\sin t \tag{2.137}$$

이 경우 다음과 같은 관계식을 얻을 수 있다.

$$dx = A\cos t\,dt \tag{2.138}$$

적분 구간 $-k\sigma < x < +k\sigma$에서 $\pm k\sigma$는 각각 다음과 같이 대응된다.

$$-k\sigma = A\sin t_1, \quad t_1 = -\sin^{-1}\left(\frac{k\sigma}{A}\right) \tag{2.139}$$

$$+k\sigma = A\sin t_2, \quad t_2 = +\sin^{-1}\left(\frac{k\sigma}{A}\right) \tag{2.140}$$

따라서 적분은 다음과 같이 전개된다.

$$\int_{-k\sigma}^{+k\sigma} \frac{1}{\pi\sqrt{A^2-x^2}}\,dx \tag{2.141}$$

$$= \int_{t_1}^{t_2} \frac{1}{\pi\sqrt{A^2-A^2\sin^2 t}}\,A\cos t\,dt$$

$$= \frac{1}{\pi}\int_{t_1}^{t_2} dt = \frac{1}{\pi}\left(t_2-t_1\right)$$

$$= \frac{1}{\pi}\left(\left[+\sin^{-1}\left(\frac{k\sigma}{A}\right)\right]-\left[-\sin^{-1}\left(\frac{k\sigma}{A}\right)\right]\right)$$

$$= \frac{2}{\pi}\sin^{-1}\left(\frac{k\sigma}{A}\right)$$

우변이 0.95가 되어야 하므로

$$\frac{2}{\pi}\sin^{-1}\left(\frac{k\sigma}{A}\right) = 0.95 \tag{2.142}$$

$$k = \frac{A}{\sigma}\sin\left(0.95\,\frac{\pi}{2}\right) \tag{2.143}$$

이다. U자형 분포에서

$$\sigma = \frac{A}{\sqrt{2}} \tag{2.144}$$

이므로 포함 인자는

$$k = \sqrt{2}\sin\left(0.95\,\frac{\pi}{2}\right) \simeq 1.41 \tag{2.145}$$

이다.

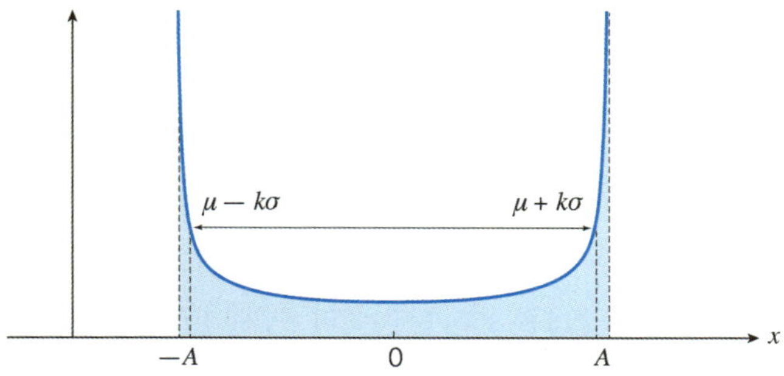


**그림 2.16** U자형 분포의 포함 인자 계산

---

### 🔭 확률분포의 기댓값과 분산

#### ○ 정규분포

- 확률밀도 함수

$$f(x) = \frac{1}{\sqrt{2\pi\sigma^2}}\, e^{-\frac{(x-\mu)^2}{2\sigma^2}}, \; -\infty < x < +\infty$$

- 기댓값      $\mu$
- 분산      $\sigma^2$
- 표준편차      $\sigma$
- 포함인자      $k = 1.96$ (신뢰도 95%)

#### ○ 직각분포

- 확률밀도 함수      $f(x) = 1/(b-a), \; a < x < b$
- 기댓값      $\mu = (a+b)/2$
- 분산      $\sigma^2 = (b-a)^2/12$
- 표준편차(표준 불확도)      $\sigma = (b-a)/2\sqrt{3} = A/\sqrt{3}$   ($A$는 반범위)
- 포함인자      $k = 1.65$ (신뢰도 95%)

#### ○ U자형 분포

- 확률밀도 함수

$$f(x) = \frac{1}{\pi\sqrt{A^2-(x-\mu)^2}}, \; \mu-A < x < \mu+A$$

- 기댓값      $\mu$
- 분산      $\sigma^2 = \dfrac{A^2}{2}$
- 표준편차(표준 불확도)      $\sigma = \dfrac{A}{\sqrt{2}}$   ($A$는 반범위)
- 포함인자      $k = 1.41$ (신뢰도 95%)

## 2.4 회귀[9]

측정 데이터 또는 실험 데이터는 $(x, y)$와 같이 독립 및 종속 변수 쌍의 형태를 띤다. 주파수에 따라 측정한 안테나 인자의 데이터가 표 2.10과 같이 정리되었다. 이 표는 바이로그 안테나의 안테나 인자를 300 MHz에서 1 GHz까지 100 MHz 단위로 측정하였는데, 독립변수로서 주파수를 $x$로, 종속변수로서 안테나 인자를 $y$로 표시한 것이다. 이 데이터를 좌표평면에 나타내면 그림 2.17과 같은 형태이다. 이 데이터는 100MHz 단위로 측정했기에 만일 300 MHz와 400 MHz 사이의 어떤 주파수, 예를 들어 450 MHz에서 안테나 인자는 주어진 데이터로부터 추정해야 한다. 만약 측정된 데이터를 잘 설명할 수 있는 수학적 모델이 있다면, 측정되지 않은 주파수, 450 MHz의 데이터를 추정할 수 있을 것이다. 독립변수 $x$와 종속변수 $y$간 관계를 모델화하는 기법을 회귀(regression)라 한다. 그림 2.17에서 보듯이 측정된 안테나 인자들은 직선과 유사한 형태로 보인다. 그렇다면 주파수와 안테나 인자 간의 관계를 가상의 직선으로 모델 삼을 수 있을 것이다.

측정 데이터로 $(x_1, y_1), (x_2, y_2), \cdots, (x_n, y_n)$이 주어졌다고 가정하자. 측정 데이터를 모델화하는 가상의 직선 방정식은 다음과 같다고 가정한다.

$$f(x) = ax + b \tag{2.146}$$

**표 2.10** 바이로그 안테나의 안테나 인자 데이터

| 주파수(MHz) | 안테나 인자(dB/m) |
| --- | --- |
| 300 | 13.31 |
| 400 | 15.50 |
| 500 | 17.85 |
| 600 | 20.11 |
| 700 | 21.14 |
| 800 | 22.56 |
| 900 | 23.40 |
| 1000 | 24.57 |

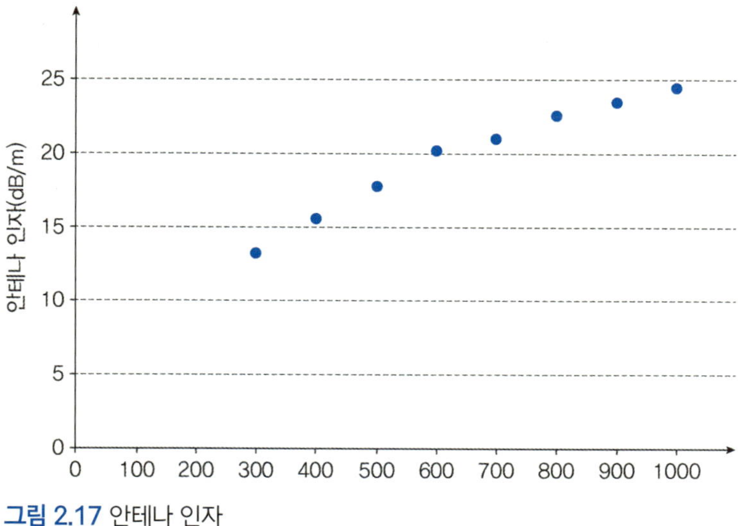



**그림 2.17** 안테나 인자

여기서 $a$와 $b$는 주어진 데이터들로부터 결정해야 할 상수이다. 모델로부터 각 $x_1, x_2, \cdots, x_n$에 대응하는 점들은 $(x_1, f(x_1)), (x_2, f(x_2)), \cdots, (x_n, f(x_n))$이 된다. 측정된 값과 회귀분석으로 얻어진 모델의 예측값과 차이를 잔차(residual)라 한다.

잔차는 다음과 같이 계산한다.

$$e_i = y_i - f(x_i) = y_i - (a\,x_i + b) \tag{2.147}$$

우선 잔차 절댓값의 합이 최소가 되는 직선을 생각하자. 즉,

$$\min_{a,b} \sum_{i=1}^{n} |e_i| = \min_{a,b} \sum_{i=1}^{n} |y_i - (a\,x_i + b)| \tag{2.148}$$

을 만족하는 $a$와 $b$를 찾는 방정식이다. 그런데, 이렇게 찾은 직선은 여러 개가 존재하여 효용성이 떨어진다. 가령 4개의 데이터가 있는 경우인 $(0, 0), (1, 2), (2, 2), (3, 2)$를 고려하자. 이때 다음 직선들은 모두 잔차의 절댓값 합이 최소이며 동일한 값이다.

$$f(x) = 0.75\,x \tag{2.149}$$

$$f(x) = 0.75\,x + 0.25 \tag{2.150}$$

$$f(x) = 0.75\,x + 0.5 \tag{2.151}$$

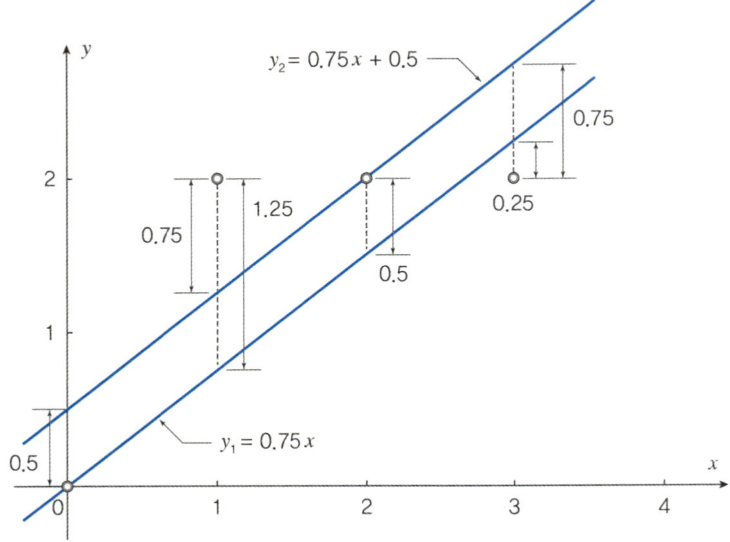


**그림 2.18** 잔차 절댓값 합이 동일한 직선

잔차 절댓값의 합을 최소로 하는 대신, 잔차 최댓값을 최소로 하는 직선을 찾을 수 있으나, 합을 최소로 하는 경우와 마찬가지로 여러 개가 존재하여 그것도 효용성이 떨어진다. 또한 잔차 절댓값을 이용하는 경우에 오히려 계산 과정이 복잡한 단점도 있다.

이러한 회귀분석에 실제로 가장 자주 사용하는 기법은 최소자승법(least square method)이다. 최소자승법은 잔차의 제곱의 합을 최소화하는 방식으로, 구현이 간단하고, 선형대수학을 사용하여 해를 구할 수 있다. 또한 오차가 정규분포를 따르고 독립변수들이 선형 독립인 경우 최소자승 추정치는 최우 추정량(maximum likelihood estimation)과 동일하여 통계학 상으로도 그 성질이 우수하다.

최소자승법은 독일의 수학자 가우스에 의해 처음 고안된 것으로 알려져 있다. 그는 1795년에 천문 관측 데이터를 분석하기 위해 최소자승법을 사용했다. 1809년 발표한 저서 『Theoria Motus Corporum Coelestium in Sectionibus Conicis Solem Ambientium』에서 행성 궤도를 계산하기 위하여 최소자승법을 사용했다.

이와 독립적으로 프랑스의 수학자 르장드르(Adrien-Marie Legendre, 1752-1833)는 1805년에 "Nouvelles méthodes pour la détermination des orbites des comètes"라는 제목의 논문을 발표하면서, 혜성의 궤도를 결정하기 위해 최소자승법을 사용하였다. 르장드르는 최소자승법이라는 용어를 처음으로 사용하였다.

### 2.4.1 최소자승법

최소자승법은 잔차 제곱의 합을 최소로 하는 직선을 찾는다. 즉,

$$S = \sum_{i=1}^{n} \left[ y_i - (a x_i + b) \right]^2 \tag{2.152}$$

이 최소가 되는 $a$와 $b$를 결정하는 일이다. 여기서 $y_i$ 는 주어진 데이터이며 $f(x_i) = a x_i + b$는 찾고자 하는 직선의 방정식이다.

최소 지점에서는 $S$를 $a$로 편미분할 때와 $S$를 $b$로 편미분할 때 모두 0이어야 한다.

$$\frac{\partial S}{\partial a} = \frac{\partial S}{\partial b} = 0 \tag{2.153}$$

첫 번째 편미분을 다음과 같이 계산한다.

$$
\begin{aligned}
\frac{\partial S}{\partial a} &= \frac{\partial}{\partial a} \sum_{i=1}^{n} \left[ y_i - (a x_i + b) \right]^2 \\
&= \sum_{i=1}^{n} \left\{ -2 x_i \left[ y_i - (a x_i + b) \right] \right\} \\
&= 2a \sum_{i=1}^{n} x_i^2 - 2 \sum_{i=1}^{n} x_i y_i + 2b \sum_{i=1}^{n} x_i = 0
\end{aligned}
\tag{2.154}
$$

따라서 다음을 얻을 수 있다.

$$a \sum_{i=1}^{n} x_i^2 + b \sum_{i=1}^{n} x_i = \sum_{i=1}^{n} x_i y_i \tag{2.155}$$

두 번째 편미분을 다음과 같이 계산한다.

$$\frac{\partial S}{\partial b} = \frac{\partial}{\partial b} \sum_{i=1}^{n} \left[ y_i - (a\, x_i + b) \right]^2 \tag{2.156}$$

$$= \sum_{i=1}^{n} \left\{ -2 \left[ y_i - (a\, x_i + b) \right] \right\}$$

$$= 2 \sum_{i=1}^{n} b + 2a \sum_{i=1}^{n} x_i - 2 \sum_{i=1}^{n} y_i = 0$$

이로부터 다음을 얻을 수 있다.

$$a \sum_{i=1}^{n} x_i + n\, b = \sum_{i=1}^{n} y_i \tag{2.157}$$

식 (2.155)와 식 (2.157)에 $\displaystyle\sum_{i=1}^{n} x_i$와 $\displaystyle\sum_{i=1}^{n} x_i^2$를 각각 곱한 후 빼주면 다음과 같다.

$$b \left( \sum_{i=1}^{n} x_i \right)^2 - n\, b \sum_{i=1}^{n} x_i^2 = \sum_{i=1}^{n} x_i y_i \sum_{i=1}^{n} x_i - \sum_{i=1}^{n} x_i^2 \sum_{i=1}^{n} y_i \tag{2.158}$$

따라서 $b$를 다음과 같이 계산한다.

$$b = \frac{\displaystyle\sum_{i=1}^{n} x_i^2 \sum_{i=1}^{n} y_i - \sum_{i=1}^{n} x_i y_i \sum_{i=1}^{n} x_i}{\displaystyle n \sum_{i=1}^{n} x_i^2 - \left( \sum_{i=1}^{n} x_i \right)^2} \tag{2.159}$$

유사하게 식 (2.155)와 식 (2.157)에 $n$과 $\displaystyle\sum_{i=1}^{n} x_i$를 각각 곱한 후 빼주면 다음과 같다.

$$a\, n \sum_{i=1}^{n} x_i^2 - a \left( \sum_{i=1}^{n} x_i \right)^2 = n \sum_{i=1}^{n} x_i - \sum_{i=1}^{n} x_i \sum_{i=1}^{n} y_i \tag{2.160}$$

따라서 $a$를 다음과 같이 계산할 수 있다.

$$a = \frac{n\sum\limits_{i=1}^{n} x_i y_i - \sum\limits_{i=1}^{n} x_i \sum\limits_{i=1}^{n} y_i}{n\sum\limits_{i=1}^{n} x_i^2 - \left(\sum\limits_{i=1}^{n} x_i\right)^2} \tag{2.161}$$

주어진 데이터로부터 식 (2.159)와 식 (2.161)을 계산하면 찾고자 하는 직선의 방정식 $f(x_i) = ax_i + b$를 구할 수 있다.

이것은 행렬의 형태로도 계산할 수 있다. 측정 데이터 $(x_1, y_1), (x_2, y_2), \cdots, (x_n, y_n)$이 주어졌을 때, 다음과 같은 행렬을 정의한다.

$$X = \begin{bmatrix} 1 & x_1 \\ 1 & x_2 \\ \vdots & \vdots \\ 1 & x_n \end{bmatrix}, \quad Y = \begin{bmatrix} y_1 \\ y_2 \\ \vdots \\ y_n \end{bmatrix}, \quad \beta = \begin{bmatrix} b \\ a \end{bmatrix} \tag{2.162}$$

이 경우 $\beta$는 다음과 같다.

$$\beta = \begin{bmatrix} b \\ a \end{bmatrix} = (X^T X)^{-1} X^T Y \tag{2.163}$$

이러한 계산은 공학용 소프트웨어로 쉽게 구현될 수 있다. 예를 들어 MATLAB에서는 다음과 같이 계산할 수 있다.

$$\text{beta = (X' * X) \textbackslash\ (X' * Y);} \tag{2.164}$$

앞에서 기술한 바와 같이 최소자승법은 잔차 제곱의 합이 최소가 되는 직선을 찾는 것이다. 이때 잔차의 제곱을 잔차제곱합(sum of squared residuals, SSR)이라 하고 다음과 같이 계산할 수 있다.

$$S = \sum_{i=1}^{n} \left[ y_i - (a\, x_i + b) \right]^2 \tag{2.165}$$

$$= \sum_{i=1}^{n} y_i^2 - 2 \sum_{i=1}^{n} y_i (a\, x_i + b) + \sum_{i=1}^{n} (a\, x_i + b)^2$$

여기서 가장 오른쪽의 급수를 계산하기 위해 (2.155)에 $a$를 곱하고 (2.157)에 $b$를 곱한 후 더해 보자. 그러면 좌변의 합은

$$a \left( a \sum_{i=1}^{n} x_i^2 + b \sum_{i=1}^{n} x_i \right) + b \left( a \sum_{i=1}^{n} x_i + n\, b \right) \tag{2.166}$$

$$= a^2 \sum_{i=1}^{n} x_i^2 + 2ab \sum_{i=1}^{n} x_i + \sum_{i=1}^{n} b^2$$

$$= \sum_{i=1}^{n} \left( a^2 x_i^2 + 2ab\, x_i + b^2 \right) = \sum_{i=1}^{n} (a\, x_i + b)^2$$

이 되고, 우변의 합은

$$a \sum_{i=1}^{n} x_i y_i + b \sum_{i=1}^{n} y_i = \sum_{i=1}^{n} y_i (ax_i + b) \tag{2.167}$$

가 된다. 따라서

$$\sum_{i=1}^{n} (a\, x_i + b)^2 = \sum_{i=1}^{n} y_i (ax_i + b) \tag{2.168}$$

이다. 이를 위 잔차제곱합에 대입하면 다음을 얻는다.

$$S = \sum_{i=1}^{n} y_i^2 - b \sum_{i=1}^{n} y_i - a \sum_{i=1}^{n} x_i y_i \tag{2.169}$$

이를 행렬을 이용하여 계산할 경우, 다음과 같이 수행할 수 있다. 잔차 벡터를

$$E = Y - X\beta \tag{2.170}$$

과 같이 정의하면, 잔차 제곱의 합은

$$S = E^T E \tag{2.171}$$

와 같이 구할 수 있다.

잔차의 표준오차(standard error of the regression, SER)는 다음과 같이 계산한다.

$$S_L = \sqrt{\frac{S}{n-2}} = \sqrt{\frac{\sum_{i=1}^{n} y_i^2 - b\sum_{i=1}^{n} y_i - a\sum_{i=1}^{n} x_i y_i}{n-2}} \tag{2.172}$$

이 식은 회귀분석에서 모델이 실제 데이터를 얼마나 잘 예측하는지 보여주는 중요한 지표이다. 여기서 $n-2$가 사용되었는데, 자유도를 나타내는 것으로, $n$개의 데이터에서 직선을 찾아내기 위해 $a$와 $b$를 추정하는데 사용된 자유도 2를 제외한 것이다. 잔차의 표준오차는 최소자승법으로 추정한 직선의 불확도 범위로서 계산해야 한다.

---

### 예제 2-8

데이터 $(x, y)$가 (1, 3.1), (2, 3.9), (3, 5.2), (4, 5.9)일 때 최소자승법에 의해 추정되는 직선을 구하고, $x = 2.5$에서 추정되는 $y$ 값을 구하시오.

기울기 $a$와 절편 $b$를 계산하기 위한 급수들은 다음과 같이 계산된다.

$$\sum_{i=1}^{8} x_i = 10, \qquad \sum_{i=1}^{8} y_i = 18.1$$

$$\sum_{i=1}^{8} x_i^2 = 30, \qquad \sum_{i=1}^{8} x_i y_i = 50.1$$

따라서 $a$와 $b$는 다음과 같다.

$$a = \frac{n\sum\limits_{i=1}^{n} x_i y_i - \sum\limits_{i=1}^{n} x_i \sum\limits_{i=1}^{n} y_i}{n\sum\limits_{i=1}^{n} x_i^2 - \left(\sum\limits_{i=1}^{n} x_i\right)^2} = \frac{4\times 50.1 - 10\times 18.1}{4\times 30 - 10^2} = 0.97$$

$$b = \frac{\sum\limits_{i=1}^{n} x_i^2 \sum\limits_{i=1}^{n} y_i - \sum\limits_{i=1}^{n} x_i y_i \sum\limits_{i=1}^{n} x_i}{n\sum\limits_{i=1}^{n} x_i^2 - \left(\sum\limits_{i=1}^{n} x_i\right)^2} = \frac{30\times 18.1 - 50.1\times 10}{4\times 30 - 10^2} = 2.1$$

직선의 방정식은 다음과 같다.

$$f(x) = 0.97\,x + 2.1$$

$x = 2.5$에서 추정되는 $y$ 값은 다음과 같다.

$$f(2.5) = 0.97\times 2.5 + 2.1 = 4.53$$

동일한 직선을 행렬을 이용하여 구할 수도 있다. 즉,

$$X = \begin{bmatrix} 1 & 1 \\ 1 & 2 \\ 1 & 3 \\ 1 & 4 \end{bmatrix},\ Y = \begin{bmatrix} 3.1 \\ 3.9 \\ 5.2 \\ 5.9 \end{bmatrix}$$

라고 하면 $\beta$는 다음과 계산된다.

$$\beta = \begin{bmatrix} b \\ a \end{bmatrix} = (X^T X)^{-1} X^T Y = \begin{bmatrix} 2.1 \\ 0.97 \end{bmatrix}$$

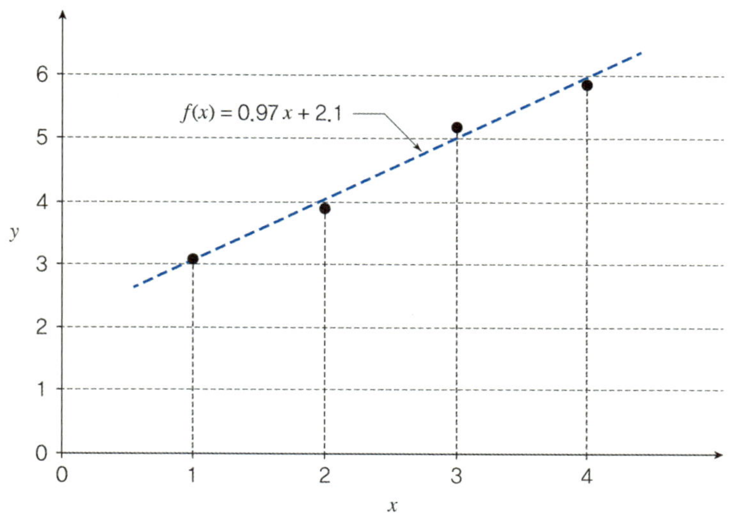


**그림 2.19** 예제 2.8의 최소자승법으로 찾은 직선

## 2.4.2 최소자승법의 적용

표 2.10에서 주어진 바이로그 안테나의 인자를, 주파수 축을 $x$축으로, 안테나 인자를 $y$축으로 하여 추정되는 직선의 방정식을 구해보자. 주어진 데이터를 이용하여 식 (2.159)과 식 (2.161)을 적용한다. 주파수는 $x_i$, 해당 주파수에서 측정된 안테나 인자는 $y_i$이며 데이터의 수는 $n = 8$이다. 기울기 $a$와 절편 $b$를 계산하기 위한 급수들을 다음과 같이 계산한다.

$$\sum_{i=1}^{8} x_i = 5\,200 \tag{2.173}$$

$$\sum_{i=1}^{8} y_i = 158.44 \tag{2.174}$$

$$\sum_{i=1}^{8} x_i^2 = 3\,800\,000 \tag{2.175}$$

$$\sum_{i=1}^{8} x_i y_i = 109\,660 \tag{2.176}$$

따라서 $a$와 $b$는 다음과 같다.

$$a = \frac{n \sum\limits_{i=1}^{n} x_i y_i - \sum\limits_{i=1}^{n} x_i \sum\limits_{i=1}^{n} y_i}{n \sum\limits_{i=1}^{n} x_i^2 - \left(\sum\limits_{i=1}^{n} x_i\right)^2} \tag{2.177}$$

$$= \frac{8 \times 109\,660 - 5\,200 \times 158.44}{8 \times 3\,800\,000 - 5\,200^2} = 0.0159$$

$$b = \frac{\sum\limits_{i=1}^{n} x_i^2 \sum\limits_{i=1}^{n} y_i - \sum\limits_{i=1}^{n} x_i y_i \sum\limits_{i=1}^{n} x_i}{n \sum\limits_{i=1}^{n} x_i^2 - \left(\sum\limits_{i=1}^{n} x_i\right)^2} \tag{2.178}$$

$$= \frac{3\,800\,000 \times 148.44 - 109\,660 \times 5\,200}{8 \times 3\,800\,000 - 5\,200^2} = 9.476$$

찾아낸 직선의 방정식은 다음과 같다.

$$f(x) = 0.0159\,x + 9.476 \tag{2.179}$$

동일한 직선을 행렬을 이용하여 구할 수도 있다. 즉,

$$X = \begin{bmatrix} 1 & 300 \\ 1 & 400 \\ 1 & 500 \\ 1 & 600 \\ 1 & 700 \\ 1 & 800 \\ 1 & 900 \\ 1 & 1000 \end{bmatrix}, \quad Y = \begin{bmatrix} 13.31 \\ 15.50 \\ 17.85 \\ 20.11 \\ 21.14 \\ 22.56 \\ 23.40 \\ 24.57 \end{bmatrix} \tag{2.180}$$

라고 하면 $\beta$는 다음과 같이 계산된다.

$$\beta = \begin{bmatrix} b \\ a \end{bmatrix} = (X^T X)^{-1} X^T Y = \begin{bmatrix} 9.476 \\ 0.0159 \end{bmatrix} \tag{2.181}$$

최소자승법을 이용하여 찾아낸 직선의 방정식과 그림의 데이터들을 함께 표시하면 그림 2.20과 같다.

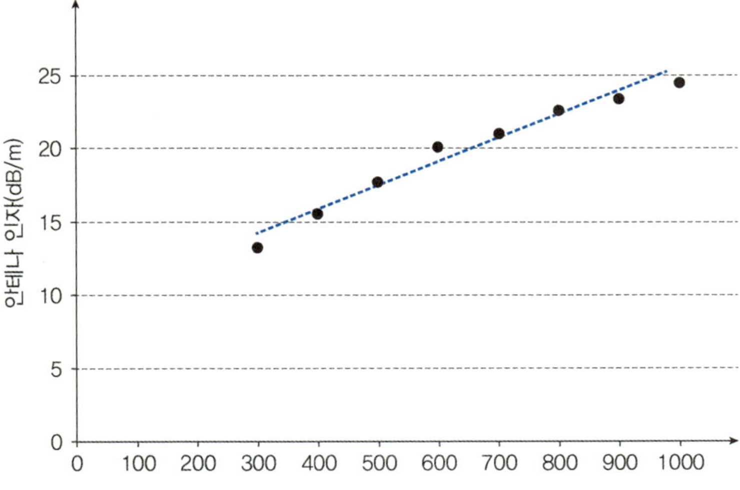



**그림 2.20** 표 2.10의 안테나 인자의 최소자승법으로 찾은 직선

안테나 인자는 350 MHz에서 측정되지 않았지만, 위에서 구한 직선을 이용하면 350 MHz에서 안테나 인자는 다음과 같다.

$$f(350) = 0.0159 \times 350 + 9.476 = 15.041 \tag{2.182}$$

350 MHz에서 안테나 인자는 15.04 dB/m로 추정한다.

추정된 직선의 표준오차를 (SER)식으로 계산한다.

$$\sum_{i=1}^{8} y_i^2 = 3\,247.53 \tag{2.183}$$

이므로

$$S_L = \sqrt{\frac{\displaystyle\sum_{i=1}^{n} y_i^2 - b\sum_{i=1}^{n} y_i - a\sum_{i=1}^{n} x_i y_i}{n-2}} \tag{2.184}$$

$$= \sqrt{\frac{3\,247.53 - 9.476 \times 158.44 - 0.0159 \times 109\,660}{8-2}} = 0.7726$$

이다.

### 2.4.3 최소자승법의 추정 직선 표준오차 불확도 처리

바이로그 안테나의 안테나 인자값을 표 2.10과 같이 300 MHz부터 1000 MHz까지 8포인트를 측정하고 표준 불확도를 $u_c$로 평가하였다면 측정된 주파수에서 안테나 인자값의 확장 불확도는 95% 신뢰 수준을 적용하여 $U = 2u_c$로 보고하면 된다. 그런데 만일 식 (2.182)처럼 측정하지 않은 주파수 350 MHz의 안테나 인자 값을 측정한 데이터 표 2.10을 기반으로 보고하는 경우라면 측정 불확도가 $u_c$가 아니라 $u_c$와 함께 최소자승법 추정직선의 표준오차인 식 (2.184)과 합성하여야 한다.

그래서 직선의 최소자승법으로 추정한 안테나 인자값 식 (2.182)와 함께 새로운 합성 불확도 $u'_c = \sqrt{u_c^2 + S_L^2}$를 적용한 확장 불확도 $U' = 2u_c{}'$를 보고하여야 한다.

# Chapter 3

# 전파 시험 및 측정 분야 불확도 산출

# 전파 시험 및 측정 분야 불확도 산출

## 3.1 측정 불확도 산출 절차

앞 장에서 측정 불확도의 개념을 이해하고 측정의 결과를 분석하기 위하여 통계와 관련된 기초 수학의 내용을 다루었다. 측정이 확률변수와 연관되어 있다는 가정하에 확률의 평균 및 분산과 확률분포를 취급하였다. 과거에는 측정 결과를 오차 분석에 중점을 두었는데 오차는 용어의 오류를 포함하기 때문에 측정 불확도가 그 지위를 승계했다. 따라서 측정 불확도를 산출하는 데 있어서 오차 분석에서 사용했던 기법이 대부분 사용된다. 측정 불확도 계산은 측정값의 평균을 중심으로 참값이 존재할 범위를 합리적으로 추정하는 작업이다. 전자파 측정 관련 업무를 경험하면, 측정 불확도 산출이란, 통계학을 근거로 측정을 구성하는 시스템 개별의 표준편차(B형 불확도)를 추정하고 합성하는 일임을 알게 된다. 측정 불확도 산출 실무 작업은 측정에 관여하는 요인의 표준편차를 찾는 작업이다.

개별 불확도 요인 $i$ 가 특정한 확률분포로 추정되고 그 표준편차가 $\sigma$ 라고 하면 표준 불확도는 다음과 같다.

$$u_i = \sigma \tag{3.1}$$

즉, 표준편차가 표준 불확도이다. 불확도 요인이 $n$ 개가 있고 각각의 표준 불확도가 $u_1, u_2, \cdots, u_n$ 로 산출되었다면, 합성 불확도는 표준편차의 합성 공식 식 (2.37) 또는 식 (2.83)에 따라 다음과 같이 계산한다.

$$u_c = \sqrt{u_1^2 + u_2^2 + \cdots + u_n^2} \tag{3.2}$$

이때 개별 표준 불확도의 단위는 모두 동일해야 한다. 어느 하나는 선형의 전력 단위이고 또다른 성분은 전력의 dB 단위이면 이 둘의 단위를 통일하여 식 (3.2)를 계산하여야 한다. 측정값과 같은 단위로 불확도의 단위를 맞춰주어야 한다.

제조사가 제공하는 계측기의 사양은 어떤 경우에 선형값의 정확도 등으로 알려주거나 dB 또는 백분율(%) 등으로 제공한다. 최종의 목표 단위가 무엇인지를 염두에 둔 상태로 개별 불확도를 평가하고 계산한다. 전자파 분야 측정에 있어서는 dB 단위를 사용하여 합성 불확도 공식을 사용하는 경우가 대부분이다. 감쇠기, 증폭기, 안테나 등에 따른 이득이나 손실, 감쇠기, 케이블, 측정 기기 간에 발생하는 부정합에 의한 요인들은 대부분 dB 단위를 사용한다.

합성 불확도가 정규분포를 따른다고 가정하면, 합성 불확도 $u_c$의 신뢰 수준은 68%이다. 더 높은 신뢰 수준으로 불확도를 산출하고자 한다면, 확장 인자 $k$를 곱하여 확장 불확도 $U$를 구할 수 있다.

$$U = k \cdot u_c \tag{3.3}$$

95% 신뢰 수준의 불확도를 구할 때 확장 불확도를 정규분포로 추정했다면 포함 인자 $k = 1.96$에 해당되어 다음과 같이 확장 불확도를 계산한다.

$$U = 1.96 \times u_c \tag{3.4}$$

불확도를 산출하기 위해서는 어떤 물리량을 측정하는지 정확히 알아야 한다. 주파수를 측정하는지, 전력을 측정하는지를 명확히 아는 것이 측정 불확도 산출의 첫발이다.

측정 불확도에 기여하는 주요 요인[1],[3],[9]들은 다음과 같다.

- 계통 요인에 의한 불확도: 측정 기구, 감쇠기, 케이블, 증폭기 등 시험 장비 및 사용된 측정 방법에 따른 불확도이다. 이러한 요인에 따른 오차는 일정한 값일 가능성이 있어 교정 등 추가 측정을 통해 불확도 요인을 제거할 수 있지만, 항상 제거할 수 있는 것은 아니다.
- 환경 요인에 따른 불확도: 온도, 공급 전압, 측정 대상 기기(equipment under test, EUT), 설치 구조, 주변 물체 및 환경 등에 따른 요인이다.
- 영향량 관련 불확도: 측정 대상 기기(EUT)의 특정 파라미터나 기능에 의존하는 불확도

이다. 설정된 출력 레벨이나 공급 전압의 변화가 출력 전력이나 주파수 등에 미치는 영향이다.

- 우연적 요인의 불확도: 측정자가 제어할 수 없는 우연적 요소에 의한 불확도이다.

따라서 엄밀한 측정 불확도 산출을 위해서는 측정 절차를 세심하게 숙지하고 사용하는 측정 기구의 사용법을 잘 익혀야 하며 계측기 등 사양 설명서를 주의 깊게 살펴보아야 한다. 이외에도 측정 대상 장치의 설치 구성, 주변 물체 및 주위 환경 등에 따른 분석이 필요하다.

> **🔍 측정 불확도 산출 절차**
>
> 1. 불확도 기여 항목 식별
> 2. 불확도 기여량 산출: 표준 불확도 $u_1, u_2, \cdots, u_n$
> 3. 합성표준 불확도 산출: $u_c = \sqrt{u_1^2 + u_2^2 + \cdots + u_n^2}$
> 4. 확장 불확도 산출: $U = k \cdot u_c$

## 3.2. 단위 변환

전파 분야에서는 전압, 전력 등의 단위를 상대 비교 단위인 데시벨(dB)로 변환하여 사용하는 경우가 많다. dB는 국제단위계(SI)[3]에서 사용은 하지만 국제단위계에 속하지 않는 단위로 규정되어 있다. 제조자의 장비 사양이나 법의 규정에는 선형값이나 백분율도 함께 쓴다. 불확도 계산에서 불확도 성분들이 여러 단위로 표기되는 경우가 많아서 불확도 요인을 합성하여 계산할 때 단위를 통일하여 합성표준 불확도를 평가하는 일이 비일비재하다. 표준 불확도 모든 성분의 단위를 통일해야 불확도 계산을 올바로 할 수 있기에 단위 변환 관계를 숙지하여 사용할 필요가 있다.

표 3.1은 백분율과 dB 사이 변환에서 사용해야 하는 곱인자를 나열하였다. 두 번째 줄 첫 번째 열에 있는 dB를 두 번째 줄 두 번째 열의 전압 백분율(Voltage %)로 바꾸려면 세 번째 열에 있는

---

3) 전파 분야 물리량의 단위는 부록 Ⅰ 참조.

숫자 11.5를 곱한다. 역으로 전압 백분율에서 dB로 변환하려면 11.5로 나누어준다. 나머지 부분도 같은 방식으로 적용할 수 있다.

**표 3.1** 단위 변환표

| 변환 단위 | 목적 단위 | 곱인자 |
|---|---|---|
| dB | Voltage % | 11.5 |
| dB | Power % | 23.0 |
| Power % | dB | 0.0435 |
| Power % | Voltage % | 0.5 |
| Voltage % | Power % | 2.0 |
| Voltage % | dB | 0.0870 |

표 3.1의 변환 관계에서 등장하는 곱인자는 간단한 계산으로 확인할 수 있다. 단위 변환을 위한 곱인자들을 구하기 위해 선형값인 전력 P로부터 출발해보자. 선형의 전력 $P_0$와 미소 전력 변화 $P = P_0 + \Delta P$를 고려한다. 전력 $P$를 $P_0$를 기준으로 데시벨로 표시하면 다음과 같다.

$$P\,[\mathrm{dB}] = 10\log_{10}\frac{P_0 + \Delta P}{P_0} \tag{3.5}$$

자연수 $e$를 밑으로 하는 자연로그에 대해서 $|x| < 1$인 경우 테일러급수는 다음과 같다.

$$\ln(1+x) = \log_e(1+x) = x - \frac{x^2}{2} + \frac{x^3}{3} - \cdots \tag{3.6}$$

밑이 A인 $\log_A B$는 로그의 성질에 따라 밑이 $e$인 두 로그의 분수로 변환할 수 있다.

$$\log_A B = \frac{\log_e B}{\log_e A} = \frac{\ln B}{\ln A} \tag{3.7}$$

식 (3.7)을 이용하여 식 (3.5)의 $P\,[\mathrm{dB}]$는 다음과 같이 변형된다.

$$P\,[\text{dB}] = 10\log_{10}\left(1 + \frac{\Delta P}{P_0}\right) \tag{3.8}$$

$$= 10\,\frac{\ln\left(1 + \dfrac{\Delta P}{P_0}\right)}{\ln 10} \;=\; \frac{10}{\ln 10}\ln\left(1 + \frac{\Delta P}{P_0}\right)$$

여기서 $0 < \dfrac{\Delta P}{P_0} \ll 1$를 가정하여 식 (3.6)의 테일러급수 식에 따라 식 (3.8)을 다음과 같이 전개할 수 있다.

$$P\,[\text{dB}] = \frac{10}{\ln 10}\ln\left(1 + \frac{\Delta P}{P_0}\right) \tag{3.9}$$

$$= \frac{10}{\ln 10}\left[\frac{\Delta P}{P_0} - \frac{1}{2}\left(\frac{\Delta P}{P_0}\right)^2 + \frac{1}{3}\left(\frac{\Delta P}{P_0}\right)^3 - \cdots\right]$$

$\dfrac{\Delta P}{P_0}$은 전력 변화 비율을 나타내는 것으로, 여기에 숫자 100을 곱해주면 백분율(%)이 된다. 따라서 고차 항을 무시하는 경우 위 식은 다음과 같이 표현할 수 있다.

$$P\,[\text{dB}] \simeq \frac{10}{\ln 10}\left(\frac{\Delta P}{P_0}\right) = \frac{10}{100\ln 10}\left(100\,\frac{\Delta P}{P_0}\right) = \frac{1}{23}\,P\,[\%] \tag{3.10}$$

여기서 $P\,[\%]$는 $P\,[\%] = 100\,\dfrac{\Delta P}{P_0}$로 나타내어진 전력 변화 백분율이다. 따라서 dB와 Power % 사이에는 다음 변환 관계식이 성립한다.

$$P\,[\text{dB}] = 0.0435 \times P\,[\%] \tag{3.11}$$

또는

$$P\,[\%] = 23 \times P\,[\text{dB}] \tag{3.12}$$

전압 $V_0$와 미소 전압 변화 $V = V_0 + \Delta V$에 대해서 전압 $V$를 $V_0$에 대해 dB로 표시하면 다음과 같다.

$$V \,[\mathrm{dB}] = 20\log_{10}\frac{V_0 + \Delta V}{V_0} \tag{3.13}$$

이것을 다음과 같이 전개할 수 있다.

$$V \,[\mathrm{dB}] = 20\log_{10}\left(1 + \frac{\Delta V}{V_0}\right) = \frac{20}{\ln 10}\ln\left(1 + \frac{\Delta V}{V_0}\right) \tag{3.14}$$

$$\simeq \frac{20}{\ln 10}\left(\frac{\Delta V}{V_0}\right) = \frac{20}{100\ln 10}\left(100\,\frac{\Delta V}{V_0}\right) = \frac{1}{11.5}\,V\,[\%]$$

여기서 $V\,[\%]$는 $V\,[\%] = 100\,\dfrac{\Delta V}{V_0}$ 로 나타낸 전압 변화 백분율이다. 따라서 dB와 Voltage % 사이에는 다음 변환 관계식이 성립한다.

$$V\,[\mathrm{dB}] = 0.0870 \times V\,[\%] \tag{3.15}$$

$$V\,[\%] = 11.5 \times V\,[\mathrm{dB}] \tag{3.16}$$

dB 단위로 나타낸 $V\,[\mathrm{dB}]$와 $P\,[\mathrm{dB}]$는 동일하기 때문에 $V\,[\mathrm{dB}] = \mathrm{P}\,[\mathrm{dB}]$이므로, 다음과 같이 전개할 수 있다.

$$P\,[\%] = 23.0 \times P\,[\mathrm{dB}] = 23.0 \times V\,[\mathrm{dB}] \tag{3.17}$$

$$= 23.0 \times 0.0870 \times V\,[\%] = 2.0\,V\,[\%]$$

따라서 전력 백분율(Power %)과 전압 백분율(Voltage %) 사이에 다음과 같은 변환 관계가 있다.

$$P\,[\%] = 2 \times V\,[\%] \tag{3.18}$$

$$V\,[\%] = 0.5 \times P\,[\%] \tag{3.19}$$

## 3.3 A형 불확도

A형 불확도는 우연 요인에 의한 불확도를 평가한다. 같은 조건으로 측정을 반복하여 얻은 값의 평균과 표준편차를 이용하여 측정 불확도를 평가하는 방식이다. 불확도 평가를 위해서 측정 횟수를 충분하게 많게 하여 통계를 내는 것이 이상적이지만 현실에서 무한한 횟수로 측정을 반복하기가 어렵다. 통계상 10회 정도의 측정으로 A형 불확도를 평가해도 충분하다.

동일한 조건에서 측정을 반복하더라도 우연 요인들이 측정 결과에 영향을 미치므로 매번 측정값이 다르다. 무한대로 측정을 반복했을 때 나온 결과의 확률분포를 $X$라 가정하자. $n$번의 측정을 수행하였을 때 측정값이 $x_1, x_2, \cdots, x_n$이라고 하면, 측정값의 산술평균은 다음과 같이 계산된다.

$$\overline{x} = \frac{1}{n}\sum_{i=1}^{n} x_i \tag{3.20}$$

확률분포 $X$의 분산 실험 추정치를 다음과 같이 정의한다.

$$s^2(x_i) = \frac{1}{n-1}\sum_{i=1}^{n}\left(x_i - \overline{x}\right)^2 \tag{3.21}$$

평균의 분산(variance of the mean)은 '측정값들의 평균'이 '실제 확률분포 $X$의 평균'에 얼마나 정확하게 근사하는지를 나타낸다. 여기서 $n$ 대신 $n-1$로 나누었는데, 이는 표본 평균의 계산에 사용된 자유도 하나를 빼주었기 때문이다.

주어진 측정값들로부터 평균의 분산은 다음과 같다.

$$s^2(\overline{x}) = \frac{s^2(x_i)}{n} = \frac{\sum_{i=1}^{n}\left(x_i - \overline{x}\right)^2}{n(n-1)} \tag{3.22}$$

평균의 실험 표준편차는 다음과 같이 구해진다.

$$s(\overline{x}) = \sqrt{\dfrac{\displaystyle\sum_{i=1}^{n}\left(x_i - \overline{x}\right)^2}{n(n-1)}} \tag{3.23}$$

식 (3.23)은 평균에 대한 실험 표준편차를 의미하며 반복 측정 실험의 A형 불확도를 평가하는 계산 공식이다.

식 (3.23)을 사용하여 A형 불확도 산출 사례를 들어보자. 멀티미터 또는 수신기로 전압을 10번 측정해서 값이 dB$\mu$V 단위로 다음과 같은 값을 얻었다고 하자.

- 측정값: $x_i(\mathrm{dB}\mu\mathrm{V}) = 87.8,\ 88.1,\ 87.9,\ 88.2,\ 87.7,\ 88.0,\ 88.3,\ 87.8,\ 87.6,\ 87.9$

최종 목표 단위가 dB$\mu$V 이면, 이 데이터를 가지고 식 (3.20)과 식 (3.23)을 그대로 적용한다. 이 경우, 측정값들의 평균은 아래와 같이 계산된다.

$$\begin{aligned}
\overline{x}_{dB\mu V} &= \frac{1}{10}\sum_{i=1}^{10} x_i(\mathrm{dB}\mu\mathrm{V}) \\
&= \frac{1}{10}(87.8 + 88.1 + 87.9 + 88.2 + 87.7 + 88.0 + 88.3 + 87.8 + 87.6 + 87.9) \\
&= 87.93\,\mathrm{dB}\mu\mathrm{V}
\end{aligned}$$

A형 불확도는

$$s\left[\overline{x}_{\mathrm{dB}\mu\mathrm{V}}\right] = \sqrt{\dfrac{\displaystyle\sum_{i=1}^{n}\left[x_i(\mathrm{dB}\mu\mathrm{V}) - \overline{x}_{\mathrm{dB}\mu\mathrm{V}}\right]^2}{n(n-1)}}$$

$$= \sqrt{\begin{aligned}&\frac{(87.8-87.93)^2+(88.1-87.93)^2+(87.9-87.93)^2+(88.2-87.93)^2}{10\cdot 9}\\[4pt]&+\frac{(87.7-87.93)^2+(88.0-87.93)^2+(88.3-87.93)^2}{10\cdot 9}\\[4pt]&+\frac{(87.8-87.93)^2+(87.6-87.93)^2+(87.9-87.93)^2}{10\cdot 9}\end{aligned}} = 0.0700\,\mathrm{dB}\mu\mathrm{V}$$

이 된다.

만일 측정값이 $dB\mu V$ 인데 목적 단위가 선형값 mV라면 단위 변환을 해야 한다. 상대 비교 단위 $dB\mu V$ 는 전압 V 사이에 $dB\mu V = 20\log(V/10^{-6})$ 의 관계가 있으므로 $dB\mu V$ 의 단위로 측정한 전압은 아래와 같은 선형값으로 변환해 계산해야 한다. $dB\mu V$

$$x_i = 10^{(x_{dB\mu V} - 120)/20} \ \text{(V)} \tag{3.24}$$

선형 단위로 변환된 측정값은 아래와 같다.

● 선형 변환값:
$x_i = $ 24.547, 25.410, 24.831, 25.704, 24.266, 25.119, 26.002, 24.547, 23.988, 24.831 (mV)

선형 측정값의 평균은 다음과 같이 계산된다.

$$\bar{x} = \frac{1}{10}\sum_{i=1}^{10} x_i = 24.925 \ \text{(mV)} \tag{3.25}$$

평균의 실험 표준편차는 다음과 같이 계산된다.

$$s = \sqrt{\frac{\sum_{i=1}^{10}(x_i - 24.925)^2}{10 \times 9}} = 0.201 \ \text{(mV)} \tag{3.26}$$

백분율로 나타낸 표준 불확도는 측정된 평균값을 기준으로 산출한다.
전압 백분율 A형 불확도 = 전압값 A형 불확도/측정 평균값 $\times 100$으로서

$$u_A = \frac{0.201}{24.925} \times 100 = 0.808 \ \text{Voltage \%} \tag{3.27}$$

이고, dB 단위로 변환하기 위해 11.5로 나눠주면 dB 단위로 나타낸 표준 불확도는 다음과 같다.

$$u_A = \frac{0.808}{11.5} = 0.07028 \ \ \text{dB} \tag{3.28}$$

앞서서 A형 불확도를 산출하는 식 (3.20)과 식 (3.23)에 dB$\mu$V 로 측정한 값을 직접 넣어서 계산한 값과 선형값인 mV 로 환산하여 계산한 값은 잘 일치한다. 표 3.1 단위 변환표에 적용한 A형 불확도 값에 대해서는 0.00028 dB의 오차를 보일 뿐이다.

### 3.3.1 A형 불확도 평가의 한계

A형 불확도는 불확도 평가를 위한 기본 방식이지만 한계가 있다. 무한 반복 측정으로 평균과 표준편차를 산출한다 해도 그것만으로 모든 오차 요인이 사라지는 것은 아니다. 반복 측정으로도 해결되지 않은 다른 불확도 요인이 있게 마련이다. 오차 원인은 우연 요인뿐 아니라 B형 불확도에 의해서 발생할 때가 훨씬 많다. 이것이 B형 불확도 평가를 수행해야만 하는 이유이며 이제부터 그것을 설명한다.

자를 이용하여 연필의 길이를 측정하는 경우를 살펴보자. 여기서는 열팽창의 경우만을 생각한다. 온도에 따라 연필과 자는 팽창 또는 수축한다. 어떤 온도에서 연필의 길이를 $n$번 측정하였을 때 측정값이 $x_1$, $x_2$, $\cdots$, $x_n$ 라고 하면 그 평균과 분산의 실험 추정치는 다음과 같다.

$$\overline{x} = \frac{1}{n}\sum_{i=1}^{n} x_i \tag{3.29}$$

$$s^2 = \frac{1}{n-1}\sum_{i=1}^{n}\left(x_i - \overline{x}\right)^2 \tag{3.30}$$

온도가 올라간 후 같은 자로 같은 연필의 길이를 잰다면 온도 상승에 따라서 자는 팽창에 의해 $\alpha$만큼, 연필은 $\beta$만큼 길이가 달라진다. 자가 $\alpha$만큼 길어졌으니 같은 길이라도 $-\alpha$만큼 작게 읽힐 것이고 연필의 길이는 $\beta$만큼 더 크게 읽힐 것이다. 그러면 새롭게 $n$번을 측정하였을 때 측정 길이의 데이터는 다음과 같다.

● 온도 상승 후 측정된 연필 길이:

$$x_1{}' = (x_1 - \alpha + \beta), \ x_2{}' = (x_2 - \alpha + \beta), \cdots, x_n{}' = (x_n - \alpha + \beta)$$

새로 측정한 길이의 평균은 다음과 같다.

$$\overline{x}' = \frac{1}{n}\sum_{i=1}^{n}(x_i - \alpha + \beta) = \overline{x} - \alpha + \beta \tag{3.31}$$

온도 상승 후 연필의 길이는 $-\alpha + \beta$ 만큼 변화가 있음이 감지된다. 분산의 실험 추정치는 다음과 같으며 변함이 없음을 확인할 수 있다.

$$s'^2 = \frac{1}{n-1}\sum_{i=1}^{n}(x_i' - \overline{x}')^2 = \frac{1}{n-1}\sum_{i=1}^{n}\big((x_i - \alpha + \beta)' - (\overline{x} - \alpha + \beta)\big)^2 \tag{3.32}$$

$$= \frac{1}{n-1}\sum_{i=1}^{n}(x_i - \overline{x})^2 = s^2$$

이 의미는 온도 팽창에 의한 평균 길이가 $-\alpha + \beta$ 만큼 변화하였다는 사실을 측정으로 확인하였다고 하더라도 오차의 척도인 분산의 변화 또는 표준편차의 변화는 식 (3.32)에서 보는 바와 같이 감지되지 않는다는 것이다. 이런 사실은 반복 측정에 따라 산출한 표준편차로는 측정에 미치는 영향을 모두 확인할 수 없으며 불확도 변동에 대한 어떠한 정보도 얻을 수 없다는 것을 의미한다. 따라서 측정에 있어 오차를 더 면밀하게 분석하려면 반복 측정으로 계산한 실험 표준편차 외 다른 원인을 찾아야 한다는 뜻이며 그 요인은 B형 불확도 평가로 보완할 수 있다. 실제로 불확도에 영향을 미치는 요인은 A형 불확도보다 B형 불확도가 더 큰 경우가 많다.

측정 경험에 따른 데이터가 축적되어 측정값의 변동성을 유추할 수 있는 경우, A형 불확도를 산출하지 않고 '반복도' 등의 형태로 B형 불확도 평가를 할 수도 있다. A형 불확도 평가는 확장 불확도를 산출을 위해 한 번 정도 수행하며, 측정을 진행할 때마다 측정할 필요는 없다. 단, 계측기가 교체되거나 측정 시스템 또는 환경이 바뀌었을 때는 전체 불확도를 재평가하기 위하여 A형 불확도를 다시 산출해야 한다.

A형 불확도는 같은 조건에서 반복 측정을 통하기 때문에 비교적 산출과 분석이 쉽다. A형 불확도의 원인으로서 우연 요인 이외 측정에 영향을 미칠 수 있는 B형 불확도는 반복 측정을 통하지 않고 산출하는 불확도의 통칭이며, 분명하게 드러나지 않더라도 여러 곳에 산재해 숨어 있다. 이를 찾아내고 분석하는 작업은 쉬운 일이 아니기 때문에 하나의 측정 시스템에서 불확도 산출 작업은 대부분 B형 불확도를 찾아내는 과정이라고 해도 과장은 아니다.

1. 측정값들의 목적 단위대로 $n$번 측정한다. 일반적으로 $n$은 10으로 한다.

2. 측정의 평균값 계산

$$\overline{x} = \frac{1}{n}\sum_{i=1}^{n} x_i$$

3. 평균의 실험 표준편차 계산

$$s(\overline{x}) = \sqrt{\frac{\sum_{i=1}^{n}\left(x_i - \overline{x}\right)^2}{n(n-1)}}$$

4. $s$는 해당 측정의 A형 불확도이며 목적 단위가 다를 경우 표 3.1에 따라 단위 변환 수행

## 3.4 측정 불확도 산출 작업의 대부분으로서 B형 불확도 평가

측정에서 A형 불확도만으로는 시스템의 측정 불확도를 완전히 분석할 수 없다. A형 불확도 이외의 불확도 평가로서 B형 불확도 분석을 해야 한다. A형 불확도 분석은 간단한 절차로 평가 되며 몇 번의 반복 측정과 통계 계산만으로 작업을 완수할 수 있다. 그러나 B형 불확도는 분석이 만만치 않다. 측정 시스템과 계측기 및 측정 절차의 깊은 이해가 필요하며 측정에 영향을 주는 측정 환경 등 내재된 각종 원인을 파악해야 한다. 그러므로 측정 불확도 분석의 90 % 이상은 B형 불확도 추정이라 말해도 과언이 아니다.

전파 분야의 B형 불확도는 대표로 다음과 같은 종류 외에도 여러 가지가 존재한다.

- 부정합
- 케이블 및 구성 요소의 전파 손실
- 측정 기기 정확성 및 비선형성
- 안테나 인자
- 측정 시험장의 환경 요인 등

측정 시스템의 전체 불확도를 평가하기 위해 B형 불확도의 크기와 확률분포 등은 다음과 같은 사항을 기본으로 추정하며 B형 불확도 산출에 주요한 기초 자료가 된다.

- 제조자가 제공한 측정 기기 규격 및 측정을 구성한 요소의 정보
- 기기 교정 성적서의 데이터
- 기기 행동 특성의 과거 경험 등

## 3.5 부정합 불확도

### 3.5.1 부정합에 의한 표준 불확도

전파 측정 분야는 측정 불확도 추정에서 다른 측정 분야와 구별되는 큰 특징을 가지고 있다. 전파를 사용하는 부품 또는 기기들 사이에서 발생하는 부정합의 존재다. 전파 시스템 대부분은 서로 임피던스를 맞추지만 기기와 기기 사이에 미소한 부정합이 발생하여 기기 간 연결 부분에서 반사가 일어나 측정의 오차가 발생한다. 전파 측정을 많이 해보았다면, 전파 측정 시스템은 정교하게 임피던스를 맞추기 때문에 다른 불확도 요인과 비교해서 부정합 불확도는 그다지 크지 않다는 것을 알 수 있다. 그럼에도 전파 측정의 특성상 부정합 불확도는 반드시 분석해야 할 사항이다.

부정합 불확도를 이해하기 위해 다음과 같은 간단한 회로를 고려한다. 그림 3.1에서 신호원은 이상 전압원 $V_s$ 와 등가 임피던스 $Z_g$ 의 직렬로 연결되고, 부하는 $Z_\ell$ 로 표시한다. 신호원과 부하는 특성 임피던스가 $Z_0$ 인 전송선과 연결되어 있다.

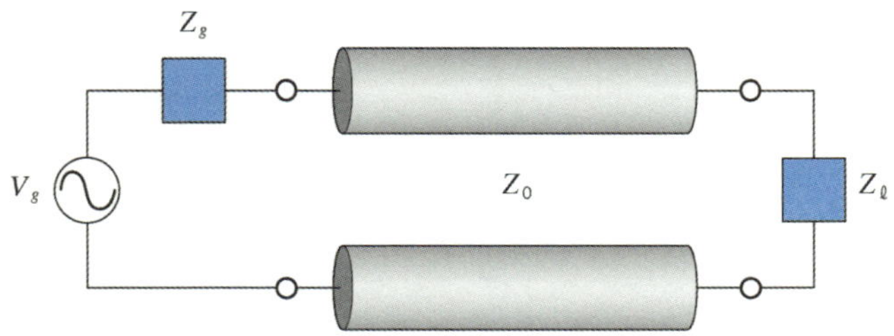

**그림 3.1** 전송선 회로

여기서 전송선은 2 – 포트 네트워크로 간주할 수 있고, 산란계수는 $[S]$ 로 표기한다. 이를 신호 흐름 다이어그램(signal flow diagram)으로 나타낼 경우, 그림 3.2와 같다.

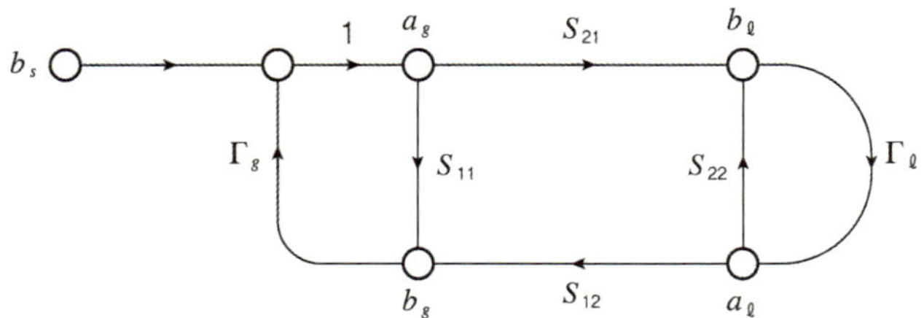

그림 3.2 전송선 회로의 신호 흐름 다이어그램

여기서 각 요소의 의미는 다음과 같다.

| | |
|---|---|
| $b_s$ | 신호원에 의해 발생되는 전압 |
| $a_g$, $a_\ell$ | 2포트 네트워크로 들어가는 전압 |
| $b_g$, $b_\ell$ | 2포트 네트워크에서 나오는 전압 |
| $\Gamma_\ell$ | 부하의 반사계수 $\Gamma_\ell = \dfrac{Z_\ell - Z_0}{Z_\ell + Z_0}$ |
| $\Gamma_g$ | 신호원의 반사계수 $\Gamma_g = \dfrac{Z_g - Z_0}{Z_g + Z_0}$ |
| $S_{11}$, $S_{22}$, $S_{12}$, $S_{21}$ | 전송선의 산란계수 |

전송선의 산란계수 $S_{11}$ 과 $S_{22}$ 는 $S_{11} = S_{22} = 0$ 로 가정할 수 있으므로, 신호 흐름 다이어그램은 다음과 같이 단순화될 수 있다. 이는 또다시 $a_g$ 노드에 Self-loop의 형태로 단순화될 수 있음을 알 수 있다.

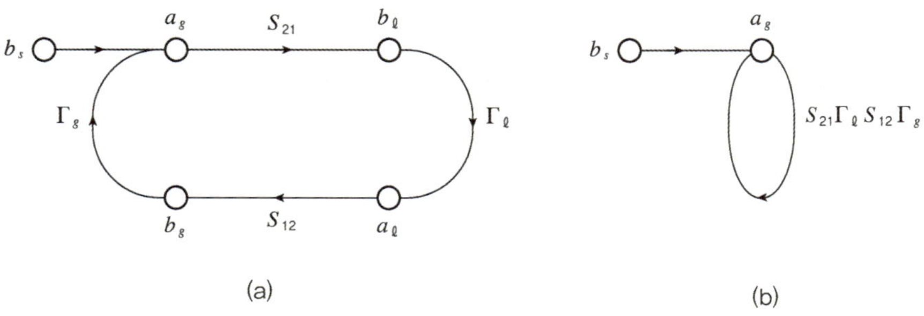

(a)             (b)

그림 3.3 전송선 회로의 신호 흐름 다이어그램 단순화 과정

따라서 신호원에서 발생되어 전송선으로 들어가는 전압, 전송선에서 부하로 들어가는 전압, 부하에서 반사되어 전송선으로 다시 들어가는 전압은 다음과 같은 순서로 계산된다.

$$a_g = \frac{1}{1 - \Gamma_g \Gamma_\ell S_{21} S_{12}} \, b_s \tag{3.33}$$

$$b_\ell = S_{21} a_g = \frac{S_{21}}{1 - \Gamma_g \Gamma_\ell S_{21} S_{12}} \, b_s \tag{3.34}$$

$$a_\ell = \Gamma_\ell b_\ell = \frac{\Gamma_\ell S_{21}}{1 - \Gamma_g \Gamma_\ell S_{21} S_{12}} \, b_s \tag{3.35}$$

부하에 흡수되는 전력은 전송선에서 부하로 들어가는 전력에서 전송선으로 다시 들어가는 전압을 빼주면 되므로, 다음과 같이 계산될 수 있다.

$$P_\ell = \left| b_\ell \right|^2 - \left| a_\ell \right|^2 = \left| b_s \right|^2 \left| S_{21} \right|^2 \frac{1 - \left| \Gamma_\ell \right|^2}{\left| 1 - \Gamma_g \Gamma_\ell S_{21} S_{12} \right|^2} \tag{3.36}$$

이 식은 다중반사를 모두 고려한 경우, 부하에 전달되는 전력을 나타낸다. 만약 부하의 반사 계수가 0이고, 전송선에서의 감쇠가 없다고 가정할 경우, 부하에 전달되는 전력은 정합된 부하에 전달되는 전력 $P_{g0}$가 될 것이다.

$$P_\ell = \left| b_s \right|^2 = P_{g0} \tag{3.37}$$

따라서 위 식은 다음과 같이 쓸 수 있다.

$$P_\ell = P_{g0} \left| S_{21} \right|^2 \frac{1 - \left| \Gamma_\ell \right|^2}{\left| 1 - \Gamma_g \Gamma_\ell S_{21} S_{12} \right|^2} \tag{3.38}$$

여기서 $1 - \left| \Gamma_\ell \right|^2$은 부정합 손실(mismatch loss)로 잘 알려진 파라미터이며, 위상 정보가 포함되지 않는다. $\left| 1 - \Gamma_g \Gamma_\ell S_{21} S_{12} \right|^2$은 신호원과 부하의 부정합에 의해 발생되는 인자로, 부하에 전달되는 전력 $P_\ell$은 다음 구간 내에 존재한다.

$$P_{g0}\,|S_{21}|^2\,\frac{1-|\Gamma_\ell|^2}{\left(1+|\Gamma_g||\Gamma_\ell||S_{21}||S_{12}|\right)^2} \;<\; P_\ell \tag{3.39}$$

$$<\; P_{g0}\,|S_{21}|^2\,\frac{1-|\Gamma_\ell|^2}{\left(1-|\Gamma_g||\Gamma_\ell||S_{21}||S_{12}|\right)^2}$$

이를 단순화하기 위해 이항급수(binomial series)[4]를 고려한다.

$$\frac{1}{(1+z)^m}=(1+z)^{-m}=1-mz+\frac{m(m+1)}{2!}z^2-\frac{m(m+1)(m+2)}{3!}z^3+\cdots \tag{3.40}$$

여기서 $m=2$, $z=|\Gamma_g||\Gamma_\ell||S_{21}||S_{12}|$ 를 대입하고 고차 항을 무시하면, 부하에 전달되는 전력의 최소와 최댓값을 구할 수 있다.

$$P_{g0}\,|S_{21}|^2\,\frac{1-|\Gamma_\ell|^2}{\left(1\mp|\Gamma_g||\Gamma_\ell||S_{21}||S_{12}|\right)^2} \tag{3.41}$$

$$\simeq\; P_{g0}\,|S_{21}|^2\left(1-|\Gamma_\ell|^2\right)\left(1\pm2|\Gamma_g||\Gamma_\ell||S_{21}||S_{12}|\right)$$

여기서 $\Gamma_g\,\Gamma_\ell\,S_{21}\,S_{12}$ 의 위상 정보가 없다면, 위상은 0~360도 구간에서 동일 확률로 존재한다고 가정한다. 그림 3.4에서 보는 바와 같이 실수축에서 확률은 최솟값과 최댓값 사이에서 U형 분포를 가진다. U형 분포의 유도는 부록 V에 수록하였다.

---

4) 일종의 테일러급수

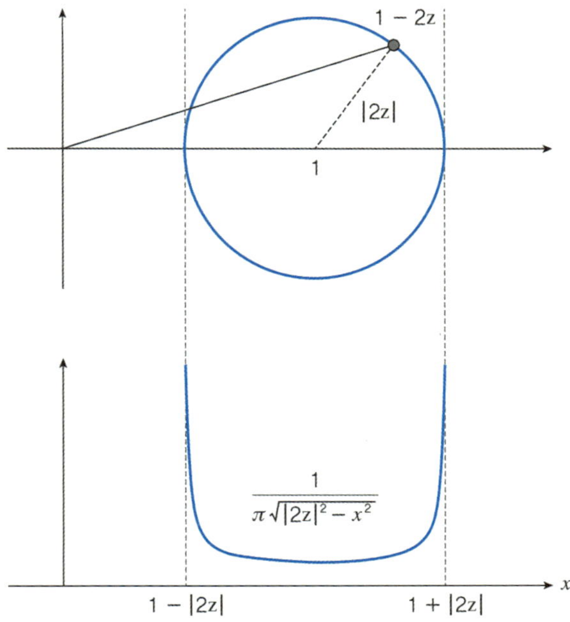

그림 3.4 U자형 분포로 나타난 부정합 확률분포

여기서 반범위는 $A = 2|\Gamma_g||\Gamma_\ell||S_{21}||S_{12}|$ 이며, 전력으로서 표준편차는

$$\sigma_p = \frac{A}{\sqrt{2}} = \frac{2|\Gamma_g||\Gamma_\ell||S_{21}||S_{12}|}{\sqrt{2}} = \sqrt{2}\,|\Gamma_g||\Gamma_\ell||S_{21}||S_{12}| \quad \text{(W)} \tag{3.42}$$

이고, 전압으로서의 표준편차는

$$\sigma = \frac{\sigma_p}{2} = \frac{|\Gamma_g||\Gamma_\ell||S_{21}||S_{12}|}{\sqrt{2}} \quad \text{(V)} \tag{3.43}$$

이다. 부정합에 의한 표준 불확도는 dB로 나타낼 때 합성이 용이하다. 따라서 표준 불확도는 다음과 같다.

$$u_{mis} = \frac{100\,|\Gamma_g||\Gamma_\ell||S_{21}||S_{12}|}{11.5\,\sqrt{2}} \quad \text{(dB)} \tag{3.44}$$

### 3.5.2 계단식 연결에 의한 부정합 표준 불확도

그림과 같이 신호발생기와 수신기 사이에 감쇠기가 연결된 구조를 고려하자.

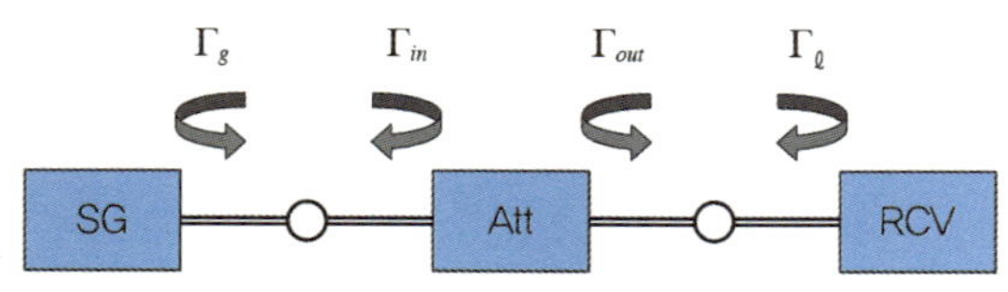



**그림 3.5** 계단식 연결

여기에는 4가지 부정합이 있는데, 각 부정합은 신호발생기의 반사계수 $\Gamma_g$, 감쇠기 입력단에서의 반사계수 $\Gamma_{in}$, 감쇠기 출력단에서의 반사계수 $\Gamma_{out}$, 그리고 수신기의 반사계수 $\Gamma_\ell$ 등이 있다. 또한 감쇠 입력과 출력 사이의 감쇠 및 지연은 $S_{12}$ 및 $S_{21}$ 으로 나타낼 수 있으므로, 이를 신호 흐름 다이어그램으로 나타낼 경우 다음과 같다.

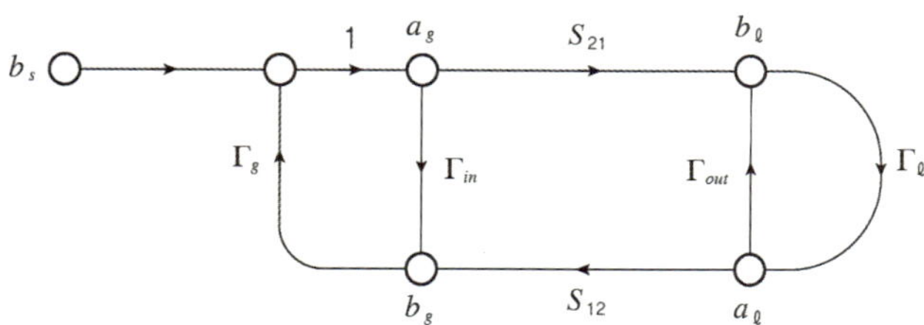



**그림 3.6** 계단식 연결의 신호 흐름 다이어그램

이는 그림 3.7에서 보인 바와 같은 과정으로 단순화할 수 있다.

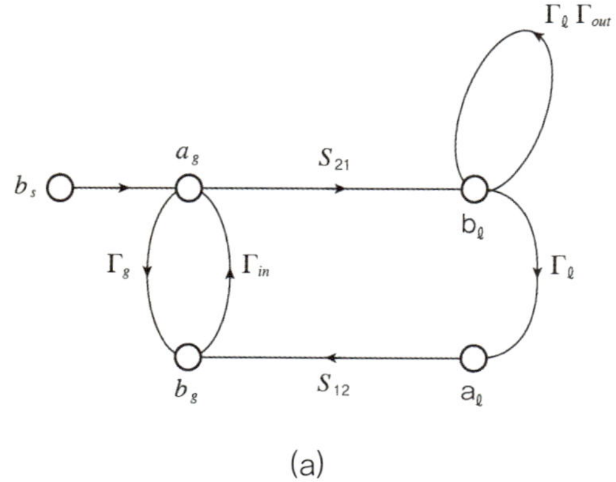



(a)

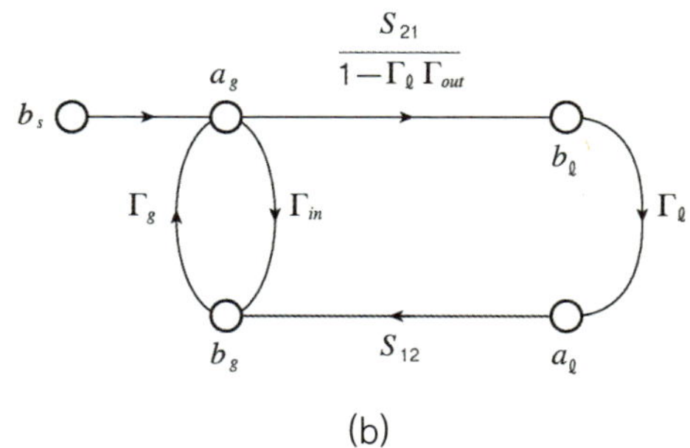

(b)

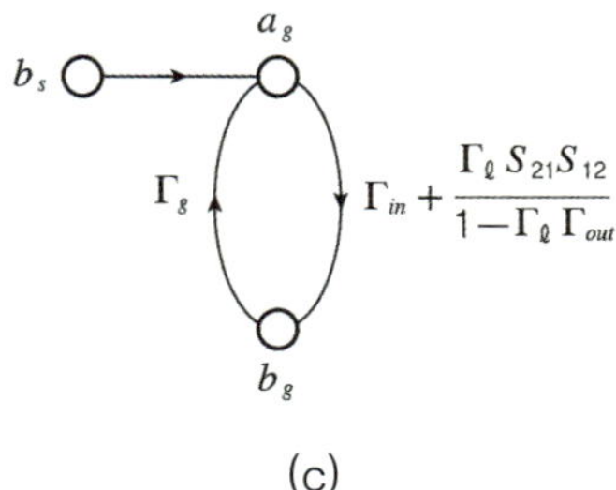

(c)

그림 3.7 계단식 연결의 신호 흐름 다이어그램 단순화 과정

따라서 신호원에서 발생되어 감쇠기로 들어가는 전압을 다음과 같이 계산할 수 있다.

$$a_g = \frac{b_s}{1 - \Gamma_g \Gamma_{in} - \dfrac{\Gamma_g \Gamma_\ell S_{21} S_{12}}{1 - \Gamma_\ell \Gamma_{out}}} \tag{3.45}$$

또한 수신기로 들어가는 전압과 수신기에서 반사되어 나오는 전압은 다음과 같이 계산할 수 있다.

$$b_\ell = \frac{S_{21}}{1 - \Gamma_\ell \Gamma_{out}} a_g = \frac{b_s}{1 - \Gamma_g \Gamma_{in} - \dfrac{\Gamma_g \Gamma_\ell S_{21} S_{12}}{1 - \Gamma_\ell \Gamma_{out}}} \frac{S_{21}}{1 - \Gamma_\ell \Gamma_{out}} \tag{3.46}$$

$$= \frac{b_s S_{21}}{(1 - \Gamma_g \Gamma_{in})(1 - \Gamma_\ell \Gamma_{out}) - \Gamma_g \Gamma_\ell S_{21} S_{12}}$$

$$a_\ell = \Gamma_\ell b_\ell = \frac{b_s S_{21} \Gamma_\ell}{(1 - \Gamma_g \Gamma_{in})(1 - \Gamma_\ell \Gamma_{out}) - \Gamma_g \Gamma_\ell S_{21} S_{12}} \tag{3.47}$$

부하에 흡수되는 전력은 전송선에서 부하로 들어가는 전력에서 전송선으로 다시 들어가는 전압을 빼주면 되므로, 다음과 같이 계산할 수 있다.

$$P_\ell = |b_\ell|^2 - |a_\ell|^2 \tag{3.48}$$
$$= P_{g0} \, |S_{21}|^2 \, \frac{1 - |\Gamma_\ell|^2}{|(1 - \Gamma_g \Gamma_{in})(1 - \Gamma_\ell \Gamma_{out}) - \Gamma_g \Gamma_\ell S_{21} S_{12}|^2}$$

여기서 $P_{g0}$는 모든 단계가 정합된 경우 부하에 전달되는 전력이다. 또한 $\Gamma_g \Gamma_{in}$, $\Gamma_\ell \Gamma_{out}$, $\Gamma_g \Gamma_\ell S_{21} S_{12}$은 각각 신호발생기와 감쇠기 입력단 사이의 부정합, 감쇠기의 출력단과 수신기 사이의 부정합, 그리고 신호발생기와 수신기 사이의 부정합에서 기인한 것으로 볼 수 있다. 따라서 각 부정합 간의 다중반사를 무시할 경우, 부하에 전달된 전력은 다음과 같이 근사될 수 있다.

$$P_\ell \simeq P_{g0} \, |S_{21}|^2 \, \frac{1 - |\Gamma_\ell|^2}{|1 - \Gamma_g \Gamma_{in}|^2 \, |1 - \Gamma_\ell \Gamma_{out}|^2 \, |1 - \Gamma_g \Gamma_\ell S_{21} S_{12}|^2} \tag{3.49}$$

수신기에 전달되는 전력의 최솟값과 최댓값은 다음과 같이 나타날 수 있다.

$$P_{g0} \, |S_{21}|^2 \, \frac{1 - |\Gamma_\ell|^2}{(1 \mp |\Gamma_g \Gamma_{in}|)^2 (1 \mp |\Gamma_\ell \Gamma_{out}|)^2 (1 \mp |\Gamma_g \Gamma_\ell S_{21} S_{12}|)^2} \tag{3.50}$$

이것은 분모 인자들에 이항급수를 적용하면 다음과 같이 근사될 수 있다.

$$P_{g0} \, |S_{21}|^2 \left(1 - |\Gamma_\ell|^2\right)(1 \mp 2 |\Gamma_g| |\Gamma_{in}|)(1 \mp 2 |\Gamma_\ell| |\Gamma_{out}|)(1 \mp 2 |\Gamma_g| |\Gamma_\ell| |S_{21}| |S_{12}|)$$

$$\tag{3.51}$$

여기서 $\Gamma_g \Gamma_{in}$, $\Gamma_\ell \Gamma_{out}$, $\Gamma_g \Gamma_\ell S_{21} S_{12}$은 독립인 랜덤변수로 가정해야 하고, 위상 정보가 없다면 각각의 위상은 0 - 360 도 구간에서 동일 확률로 존재한다고 가정한다. 따라서 수신기에 전달된 전력은 최솟값 및 최댓값이 각각 $(1 \mp 2 |\Gamma_g| |\Gamma_{in}|)$, $(1 \mp 2 |\Gamma_\ell| |\Gamma_{out}|)$, $(1 \mp 2 |\Gamma_g| |\Gamma_\ell| |S_{21}| |S_{12}|)$ 이며 U형 분포를 가지는 세 개의 랜덤변수에 따른 측정 불확도를 가지게 된다는 것을 알 수 있다.

신호발생기와 감쇠기 입력단 사이의 부정합에 의한 표준 불확도를 $u_{SG:Att}$, 감쇠기의 출력단과 수신기 사이의 부정합에 의한 표준 불확도를 $u_{Att:RCV}$, 그리고 신호발생기와 수신기 사이의 부정합에 의한 표준 불확도를 $u_{SG:RCV}$라고 하면, 다음과 같이 나타낼 수 있다.

$$u_{SG:Att} = \frac{100\,|\Gamma_g|\,|\Gamma_{in}|}{11.5\,\sqrt{2}} \quad \text{(dB)} \tag{3.52}$$

$$u_{Att:RCV} = \frac{100\,|\Gamma_\ell|\,|\Gamma_{out}|}{11.5\,\sqrt{2}} \quad \text{(dB)} \tag{3.53}$$

$$u_{SG:RCV} = \frac{100\,|\Gamma_g|\,|\Gamma_\ell|\,|S_{21}|\,|S_{12}|}{11.5\,\sqrt{2}} \quad \text{(dB)} \tag{3.54}$$

곱에 의한 불확도를 dB로 변환하여 합으로 나타낼 수 있으므로, 부정합에 의한 합성표준 불확도는 다음과 같다.

$$u_{mis} = \sqrt{u_{SG:Att}^2 + u_{Att:RCV}^2 + u_{SG:RCV}^2} \tag{3.55}$$

이를 일반화시키면, 합성표준 불확도는 다음과 같다.

$$u_{mis} = \sqrt{\sum_{i,j} u_{i:j}^2} \;,\quad u_{i:j} = \frac{100\,|\Gamma_i|\,|\Gamma_j|\,|S_{21}|\,|S_{12}|}{11.5\,\sqrt{2}} \quad \text{(dB)} \tag{3.56}$$

여기서 $i$와 $j$는 부정합이 발생하는 위치, $S_{21}$, $S_{12}$는 $i-j$ 간에 발생하는 위상 지연과 감쇠를 의미하며, $i$와 $j$가 직접 연결되었다면 $S_{21} = S_{12} = 1$이고, $i-j$ 간의 네트워크가 선형 네트워크라면, $S_{21} = S_{12}$이다.

## 3.6 교차편파식별도(XPD)에 의한 불확도

전기장을 측정하는 이중 편파 프로브 안테나의 교차편파식별도는 다음과 같이 정의된다.

$$XPD = 10\log_{10}\frac{P_{co-pol}}{P_{cross-pol}} \tag{3.57}$$

여기서 $P_{co-pol}$ 은 수신 전력 중 송신측에서 의도하여 보낸 편파의 전력, $P_{cross-pol}$ 은 교차 편차 성분의 전력이며, 일반적인 프로브 안테나의 교차편파식 별도는 30 dB 정도이다.

선형편파로 정현파를 방사하는 안테나를 45도 각도로 틀었다고 가정하자. 이 경우 이상적인 ($XPD = -\infty$) 중 편파 프로브 안테나의 수직인 수직($V$) 포트와 수평($H$) 포트로 수신되는 전압 파형은 다음과 같다.

$$S_V = A\cos(2\pi ft) \tag{3.58}$$

$$S_H = A\cos(2\pi ft) \tag{3.59}$$

교차편파식별도가 유한할 경우 다른 편파 포트로 누설된 전압이 있을 것이므로, 실제 수직 포트와 수평 포트로 수신된 전압 파형은 다음과 같게 된다.

$$S_V = A\cos(2\pi ft) + A\cos(2\pi ft + \theta_{VH}) \cdot 10^{-XPD/20} \tag{3.60}$$

$$S_H = A\cos(2\pi ft) + A\cos(2\pi ft + \theta_{HV}) \cdot 10^{-XPD/20} \tag{3.61}$$

식 (3.60)과 식 (3.61)이 대칭이므로 식 (3.60) 한 경우만 고려하자. 교차편파식별도의 영향을 가장 많이 받는 경우는 $\theta_{VH}$ 가 0도 또는 180도일 때이다.

$$|S_V| = A\left(1 \pm 10^{-XPD/20}\right)|\cos(2\pi ft)| \tag{3.62}$$

교차편파식별도에 대한 위상 정보가 없을 경우, $|S_V|$ 는 다음 구간 내에 U자형 분포로 존재하게 된다.

$$A\left(1 - 10^{-XPD/20}\right)\left|\cos(2\pi ft)\right| \leq \left|S_V\right| \leq A\left(1 + 10^{-XPD/20}\right)\left|\cos(2\pi ft)\right| \quad (3.63)$$

따라서 전압으로서의 표준편차는 다음과 같다.

$$\sigma = \frac{10^{-XPD/20}}{\sqrt{2}} \quad (3.64)$$

이를 dB 단위로 나타내면 표준 불확도는 다음과 같다.

$$u_{XPD} = \frac{100 \times 10^{-XPD/20}}{11.5 \times \sqrt{2}} \quad (3.65)$$

# 전파 측정 불확도 실무 적용 및 사례

# 전파 측정 불확도 실무 적용 및 사례

## 4.1 네트워크분석기를 사용한 동축형 고정 감쇠기 측정

전파 분야에서 측정 불확도를 산출하기 위한 사례로 가장 간단한 시스템은 그림 4.1 형태의 동축형 고정 감쇠기 감쇠량 측정 시스템일 것이다. 감쇠량 측정 방식에는 스펙트럼분석기와 신호발생기 2개의 계측기를 이용하는 방식과 네트워크분석기 하나를 사용하는 방식이 있다. 이 장에서는 불확도 분석이 비교적 쉬운 시스템인 네트워크분석기를 이용하여 30 dB 동축형 고정 감쇠기의 감쇠량을 측정하고 불확도를 산출한다.

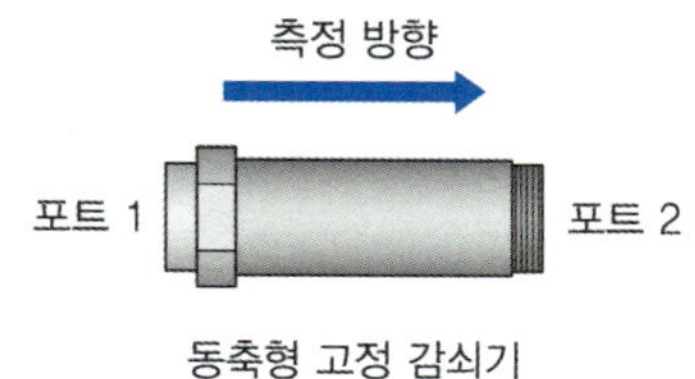


**그림 4.1** 동축형 고정 감쇠기와 측정 방향

그림 4.2는 네트워크분석기로 감쇠기의 감쇠량을 측정하는 일반적인 설치 구성이다. 감쇠기를 측정하기 전 케이블 손실의 기준을 정하는 네트워크분석기의 전체 교정(Total Cal)을 해당 제조사에서 제공하는 교정 키트(Cal Kit)를 이용하여 수행한다. 그리고 동축형 고정 감쇠기를 양쪽 케이블과 연결하여 감쇠량을 측정한다.

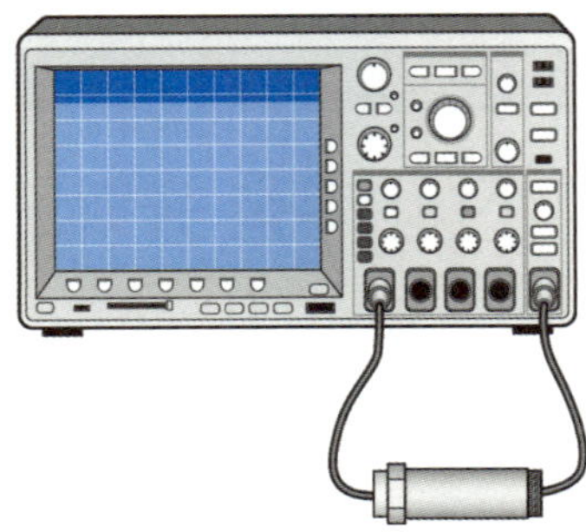

그림 4.2 네트워크분석기를 사용한 감쇠량 측정도 예시

## 4.1.1 A형 불확도 분석

우연 효과를 A형 불확도로 분석하기 위하여 동축형 고정 감쇠기의 감쇠량을 표 4.1에서처럼 11번 측정하고 식 (3.20)에 따라 dB 단위로 그 측정값들의 평균을 계산한다. 3.3장에서는 반복 측정 10회 정도가 충분하다고 하였지만, 통계상 의미가 있을 가급적 최소의 반복 측정 요건이며 이 장에서는 약간의 계산 편의를 위해 11회 측정하였다.

$$\overline{x} = \frac{1}{11} \sum_{i=1}^{11} x_i \tag{4.1}$$

표 4.1 동축형 고정 감쇠기 감쇠량 측정

| 감쇠량  측정 | |
|---|---|
| 회수 | 감쇠량(dB) |
| 1 | 32.123 |
| 2 | 32.101 |
| 3 | 31.908 |
| 4 | 32.211 |
| 5 | 31.985 |
| 6 | 31.899 |
| 7 | 32.031 |
| 8 | 32.101 |
| 9 | 32.211 |
| 10 | 32.072 |
| 11 | 31.891 |
| 평균 | 32.048 |

식 (3.23)을 이용하여 평균의 실험 표준편차를 구한다.

$$s(\overline{x}) = \sqrt{\dfrac{\displaystyle\sum_{i=1}^{11}\left(x_i - \overline{x}\right)^2}{11 \cdot 10}} \tag{4.2}$$

표 4.1의 데이터를 위 식에 적용하면 A형 불확도 값은

$$u_A = 0.035 \text{ dB} \tag{4.3}$$

와 같이 계산된다.

## 4.1.2 B형 불확도 분석

네트워크분석기로 동축형 고정 감쇠기의 감쇠량 값을 측정하는 시스템에서 고려해야 할 B형 불확도는 다음 3가지 정도로 압축된다.

- 감쇠량 측정의 기준을 설정하는 네트워크분석기 교정 시 발생하는 오차 요인
- 동축형 감쇠기를 케이블에 연결하여 측정할 때 구성 요소 간 부정합 불확도
- 네트워크분석기가 측정값을 표시하는 숫자의 자릿수 또는 디지트(digit) 분해능 불확도

### 4.1.2.1 네트워크분석기 교정 전송계수($S_{21}$)의 불확도

기준을 설정하기 위한 네트워크분석기 전체 교정을 실시해도 오차는 남게 되는데 이것은 찾아내기 쉽지 않으며 제조사에서 제공한 데이터를 참고하여 해당 불확도를 추정한다. 에질런트(현 키사이트)사가 제조한 네트워크분석기(Agilent Network analyzer E8364B)[10]를 교정 키트(Calibration kit 85052D)로 전체 교정(Total Cal)을 실시했을 때, 제조사에서 사양으로 제공한 불확도 계산표로 다음의 도표를 이용하여 계산하였다.(그림 4.3)

동축형 고정 감쇠기를 1 GHz에서 측정했기 때문에 본 도표에 따라 주파수 범위가 45 MHz부터 2 GHz에서 전송계수가 −32dB일 때 불확도는 약 0.1 dB로 주어졌다. 이를 확률분포 $k = 1$로 추정하여 네트워크분석기 교정 표준 불확도를 다음과 같이 추정하였다.

$$u_{B1} = 0.1 \text{ dB}$$

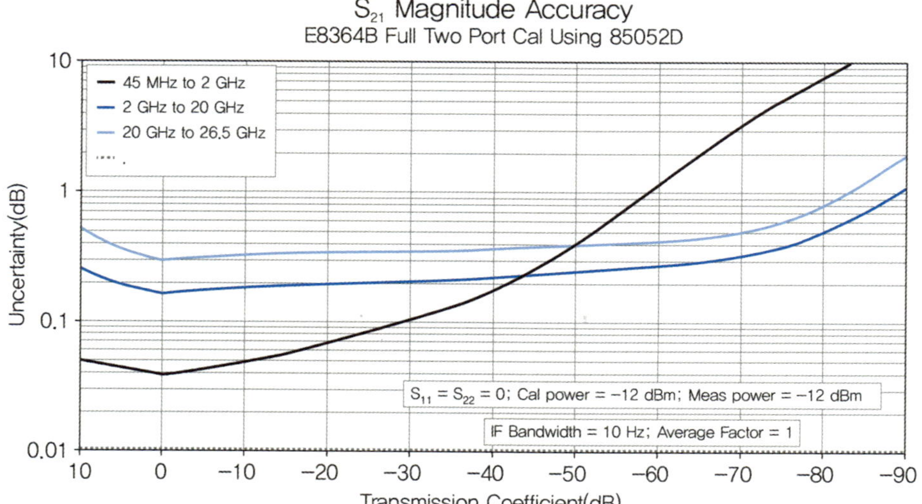



**그림 4.3** 제조사에서 제공한 네트워크분석기 Total Cal 수행 시 $S_{21}$ 정확도

## 4.1.2.2 부정합 불확도

네트워크분석기 전체 교정(Total Cal) 수행 후 교정 키트를 떼어내고 대신 동축형 고정 감쇠기를 연결하면 시스템은 신호가 전달되는 순서로 다음과 같이 5가지 부분으로 구성된다.

> 네트워크분석기 포트 1(송신 측) → 케이블 1 → 동축형 고정 감쇠기 → 케이블 2 → 네트워크분석기 포트 2(수신 측)

불확도 성분의 수는 조합의 수로 계산하여 $_5C_2 = \dfrac{5 \cdot 4}{2 \cdot 1} = 10$개이며 신호 전달 순으로 두 부분씩 짝을 지으면 아래와 같다.

- 네트워크분석기 포트 1(송신 측) → 케이블 1
- 네트워크분석기 포트 1(송신 측) → 동축형 고정 감쇠기
- 네트워크분석기 포트 1(송신 측) → 케이블 2
- 네트워크분석기 포트 1(송신 측) → 네트워크분석기 포트 2(수신 측)

- 케이블 1 → 동축형 고정 감쇠기
- 케이블 1 → 케이블 2
- 케이블 1 → 네트워크분석기 포트 2(수신 측)
- 동축형 고정 감쇠기 → 케이블 2
- 동축형 고정 감쇠기 → 네트워크분석기 포트 2(수신 측)
- 케이블 2 → 네트워크분석기 포트 2(수신 측)

부정합 불확도 성분을 계산하기 위한 각 성분의 반사계수는 표 4.2, 전송계수는 표 4.3에서 제시하였다.

**표 4.2** 각 성분의 반사계수($S_{11}$ 또는 $S_{22}$)

| 감쇠 측정에 사용되는 장비의 반사계수 | | |
|---|---|---|
| 계측기 성분 | 반사계수 | |
| | dB | linear |
| 케이블 1(C1) | $-26.100$ | 0.002 |
| 케이블 2(C2) | $-18.400$ | 0.014 |
| 감쇠기(A) | $-37.500$ | 0.000 |
| 네트워크분석기 포트 1(N1) | $-29.260$ | 0.001 |
| 네트워크분석기 포트 2(N2) | $-29.400$ | 0.001 |

**표 4.3** 각 성분의 전송계수($S_{21}$)

| 감쇠계수 $S_{12}(i,j)$ | | |
|---|---|---|
| 장비 − 장비 | dB | linear |
| 네트워크 포트 1−케이블 1 | 0.000 | 1.000 |
| 네트워크 포트 1−감쇠기 | $-0.970$ | 0.800 |
| 네트워크 포트 1−케이블 2 | $-30.750$ | 0.001 |
| 네트워크 포트 1−네트워크 포트 2 | $-32.000$ | 0.001 |
| 케이블 1−감쇠기 | 0.000 | 1.000 |
| 케이블 1−케이블 2 | $-29.780$ | 0.001 |
| 케이블 1−네트워크 포트 2 | $-31.030$ | 0.001 |
| 감쇠기−케이블 2 | 0.000 | 1.000 |
| 감쇠기−네트워크 포트 2 | $-1.250$ | 0.750 |
| 케이블 2−네트워크 포트 2 | 0 | 1.000 |

**표 4.4** 성분별 부정합 불확도 값

| 부정합 성분 | 부정합 오차(dB) | 부정합 표준 불확도(dB) | 확률분포 |
|---|---|---|---|
| 네트워크 포트 1-케이블 1 | 1.266E-05 | 7.307E-06 | U형 |
| 무선기기-감쇠기 | 5.865E-07 | 3.386E-07 | U형 |
| 네트워크 포트 1-케이블 2 | 5.276E-13 | 3.046E-13 | U형 |
| 네트워크 포트 1-네트워크 포트 2 | 2.357E-14 | 1.361E-14 | U형 |
| 케이블 1-감쇠기 | 1.898E-08 | 1.096E-08 | U형 |
| 케이블 1-케이블 2 | 1.707E-12 | 9.856E-13 | U형 |
| 케이블 1-네트워크 포트 2 | 7.626E-14 | 4.403E-14 | U형 |
| 감쇠기-케이블 2 | 1.118E-07 | 6.452E-08 | U형 |
| 감쇠기-네트워크 포트 2 | 4.992E-09 | 2.882E-09 | U형 |
| 케이블 2-네트워크 포트 2 | 7.216E-07 | 4.166E-07 | U형 |
| 부정합 합성표준 불확도(dB) | 1.269E-05 | | $k=1$ |

두 장치 간 부정합 불확도 계산을 위한 식 (3.44)를 적용할 때 분모의 모든 물리량의 단위는 선형값임을 명심해야 한다. 표 4.2와 표 4.3에서 반사계수 및 전송계수는 선형값과 dB 값을 나열하였는데 실무 및 측정에서 이 값들은 dB로 주어지거나 측정된다. 반드시 선형값으로 전환하여야 하며 식 (3.44)는 변환 인자 11.5를 나누어줌으로 해서 다시 dB로 변환하는 공식이다. 편의를 위하여 식 (3.44)를 반복하였다.

$$u_{mis} = \frac{100\,|\Gamma_g|\,|\Gamma_\ell|\,|S_{21}|\,|S_{12}|}{11.5\,\sqrt{2}} \ \ (\text{dB}) \tag{3.44}$$

이에 따라 부정합 성분의 표준 불확도 값은 다음과 같이 계산된다.

$$u_{B2} = 1.269 \times 10^{-5} \ \text{dB} \tag{4.4}$$

### 4.1.2.3 네트워크분석기 자릿수(digit) 분해능에 의한 불확도

네트워크분석기 Agilent Network analyzer E8364B는 측정값을 읽는 자릿수(digit)가 0.001 dB까지 읽을 수가 있으므로 digit 오차는 0.001/2 dB = 0.0005 dB이다. 이를 직각분포로 추정하여 계산하면 digit 분해능에 의한 표준 불확도는 다음과 같다.

$$u_{B3} = \frac{0.005}{\sqrt{3}} = 0.00289 \text{ dB} \tag{4.5}$$

### 4.1.3 B형 불확도 총괄

동축형 고정 감쇠기를 측정할 때 B형 불확도 성분으로 계측 장비 네트워크분석기 교정 후에 남아 있는 불확도와 부정합 불확도 및 계측 장비의 자릿수 분해능 불확도 성분이 있다. B형 불확도 총괄값은 식 (4.3), (4.4), (4.5)의 합성값이다.

$$u_B = \sqrt{u_{B1}^2 + u_{B2}^2 + u_{B3}^2} = \sqrt{(0.1)^2 + (1.269 \times 10^{-5})^2 + (0.00289)^2} = 0.100105 \text{ dB}$$
$$\tag{4.6}$$

불확도 요인 중 가장 큰 값과 나머지 값은 $\dfrac{\sqrt{(1.269 \times 10^{-5})^2 + (0.00289)^2}}{0.1} \times 100 = 2.89\ \%$ 에 불과하다. 이것은 식 (4.6)의 두 번째 항의 첫 번째에 있는 불확도 기여량이 상당히 크다는 것을 의미한다. 일반적으로 합성 불확도의 확률분포는 정규분포로 추정하지만, 불확도 요인 중 다른 것에 비해 월등히 큰 성분이 있을 경우, 그 성분의 확률분포를 따른다고 보는 것이 합당할 것이다. 그러나 월등히 큰 정도는 어느 정도인지에 대해 확립된 원칙이 없다. 따라서 불확도를 산출하고 그에 따른 확률분포를 추정하는 것은 산출하는 당사자와 그것을 객관화하여 평가하는 사람의 몫일 것이다. 본 책에서는 불확도를 95 % 신뢰 수준에서 평가하듯이 월등히 큰 정도를 95 % 이상으로 판단하고자 한다. 그에 따라 식 (4.6)에서 산출한 불확도 값은 첫 번째 항의 확률 분포에 해당하는 정규분포로서 합성 불확도를 평가한다.

### 4.1.4 합성표준 불확도

동축형 고정 감쇠기를 네트워크분석기로 측정하였을 때 합성표준 불확도는 A형 불확도 (4.3) 과 B형 불확도 (4.6)을 합성하여 얻는다.

$$u_c = \sqrt{u_A^2 + u_B^2} = \sqrt{(0.035)^2 + (0.100105)^2} = 0.106047 \text{ dB} \tag{4.7}$$

### 4.1.5 확장 불확도

합성표준 불확도 (4.7)의 수식을 성분별로 모두 표시하여 보면 다음과 같다.

$$u_c = \sqrt{u_A^2 + u_{B1}^2 + u_{B2}^2 + u_{B3}^2} \tag{4.8}$$

여기서 개별 성분인 $u_A$ 는 확률분포가 정규분포로 추정되고 그 값은 0.035 dB이며 $u_{B1}$ 은 값이 0.1 dB로 또한 정규분포로 추정된다. $u_{B2}$ 의 개별 성분은 U형 확률분포이지만 개별 성분의 합성으로서 확률분포 합성의 성질에 따라 정규분포로 추정하며 그 값은 $u_{B2} = 1.269 \times 10^{-5}$ dB이다. $u_{B3}$ 는 직각분포로 0.00289 dB이다. 확률분포를 합성한 후에 새로이 등장하는 확률분포는 보통 정규분포로 추정하는 것이 합리적이다. 그렇지만 불확도 성분 중에 어떤 한 성분이 다른 성분에 비해 월등히 큰 값이면 합성 확률분포는 큰 값에 해당하는 확률분포로 추정하는 것이 합당하다. 여기서 가장 큰 값의 성분은 $u_{B1}$ 이고 두 번째 큰 값은 $u_A$ 이다. 이 두 값을 비교하면 백분율로 아래와 같다.

$$\frac{u_A}{u_{B1}}(\%) = \frac{0.035}{0.1} \times 100 = 35\ \% \tag{4.9}$$

이 값은 어느 하나가 월등하게 큰 값이라 볼 수 없어서 합성 확률분포는 정규분포로 최종으로 추정해도 좋다. 그러므로 95 % 신뢰 수준으로서 정규분포에 해당하는 $k = 2$를 적용한다. 그러므로 동축형 고정 감쇠기를 네트워크분석기로 측정하였을 때 얻어지는 확장 불확도 값은 다음과 같다.

$$U = k\,u_c = 2 \times u_c = 2 \times 0.106047 = 0.21209\ \ \text{dB} \tag{4.10}$$

## 4.2 신호발생기와 수신기를 이용한 감쇠기 측정

감쇠기 실제 측정 사례는 앞 장에서 다루었으므로 이번 장은 감쇠기 측정의 실제 상황을 기술하지 않고 절차와 방법만을 다룬다. 그림 4.4와 그림 4.5는 감쇠기의 감쇠량을 측정하는 일반적인 설치 구성이다. 기준값을 측정하기 위해 신호발생기(SG)와 수신기(RCV)를 연결하여 감쇠기가 없을 때 수신 전력 $P_0$를 측정한다. 신호발생기와 수신기가 신호를 주고받기 위해 케이블 1과 케이블 2를 이용하였으며, 케이블 간의 결합을 위해 어댑터를 사용하였다. 감쇠기의 감쇠량을 측정하기 위하여 어댑터와 케이블 2 사이에 감쇠기를 연결하였다. 이때 수신 전력 $P$를 측정한다. 이들 사이의 부정합을 무시할 경우 케이블 손실과 어댑터 손실이 공통으로 반영되므로 감쇠기에 의한 감쇠량($Att$)을 다음과 같이 계산한다.

$$Att = 10\log_{10}\frac{P}{P_0} \quad \text{(dB)} \tag{4.11}$$

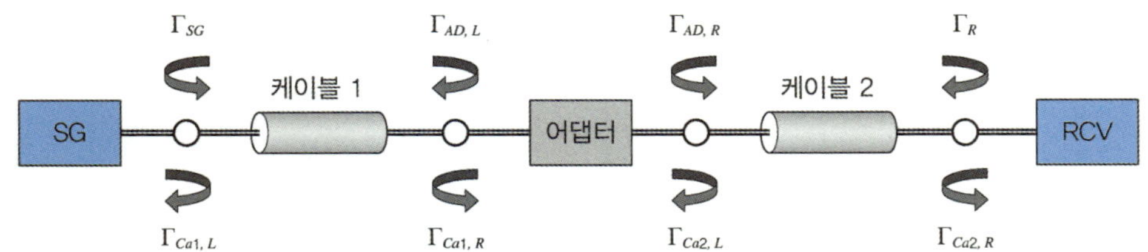



**그림 4.4** 감쇠량 기준값 측정도

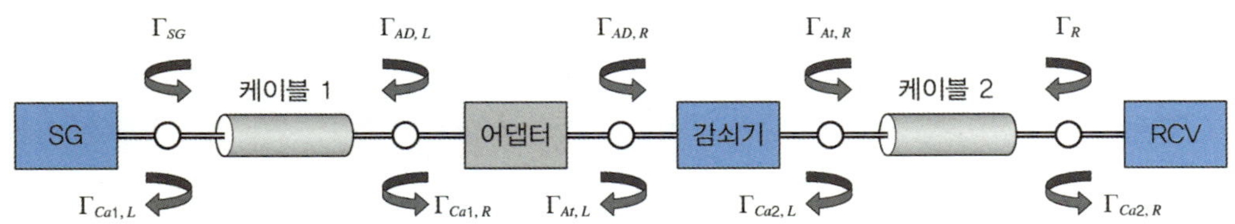



**그림 4.5** 감쇠량 측정도

이 측정 절차에서 각 장치 간에 부정합이 존재한다. 신호발생기와 감쇠기 간의 부정합에 의한 불확도를 다음과 같이 계산한다.

$$u_{SG:At} = \frac{100\,|\Gamma_{SG}|\,|\Gamma_{At,L}|\,|S_{21}|\,|S_{12}|}{11.5\,\sqrt{2}} \tag{4.12}$$

여기서 $S_{21}$과 $S_{12}$는 신호발생기와 감쇠기 간에 발생하는 손실과 위상 지연을 의미한다. 구성 장치가 $N$개라고 한다면, 부정합 요인은 조합의 수 $_NC_2$만큼 존재하게 된다.

첫 번째 감쇠량 기준값 측정 단계에서는 신호발생기, 케이블 1, 어댑터, 케이블 2, 수신기 등 총 5개의 장치가 연결되었다. 따라서 부정합 요인은 $_5C_2 = \dfrac{5 \cdot 4}{2!} = \dfrac{5 \cdot 4}{2 \cdot 1} = 10$ 개가 있다. 이들의 조합은 표 4.5에 표시하였다.

**표 4.5** 감쇠량 기준값 측정에 따른 부정합 조합

| | SG | 케이블 1 | 어댑터 | 케이블 2 | RCV |
|---|---|---|---|---|---|
| SG | $\times$ | $(u_{SG:C1})$ | $(u_{SG:Ad})$ | $u_{SG:C2}$ | $u_{SG:R}$ |
| 케이블 1 | | $\times$ | $(u_{C1:Ad})$ | $u_{C1:C2}$ | $u_{C1:R}$ |
| 어댑터 | | | $\times$ | $u_{Ad:C2}$ | $u_{Ad:R}$ |
| 케이블 2 | | | | $\times$ | $(u_{C2:R})$ |
| RCV | | | | | $\times$ |

두 번째 측정 단계에서 신호발생기, 케이블 1, 어댑터, 감쇠기, 케이블 2, 수신기 등 총 6개의 장치가 연결되었다. 따라서 부정합 요인은 $_6C_2 = \dfrac{6 \cdot 5}{2 \cdot 1} = 15$ 개가 있다. 이들의 조합은 표 4.6에 나타냈다.

표 4.5과 표 4.6에는 동일한 부정합으로 보이지만 중간에 감쇠기가 들어감으로써 손실과 지연 위상이 변하는 경우가 있다. 예를 들어 표 4.5에서의 $u_{SG:R}$과 표 4.6에서의 $u_{SG:R,At}$는 모두 신호발생기와 수신기 사이의 부정합을 나타내지만, 두 번째 측정 단계에서는 감쇠기가 추가되어 신호발생기와 수신기 사이의 손실과 위상 지연이 다르다.

표 4.6에서는 이러한 변화를 나타내기 위해 아래첨자에 $At$를 추가하였다. 표 4.5와 표 4.6에는 $u_{SG:C1}$, $u_{SG:Ad}$, $u_{C1:Ad}$, $u_{C2:R}$가 공통으로 나타나므로, 이들은 계통오차로 보고 불확도 기여가 없는 것으로 간주한다. 따라서 첫 번째 단계와 두 번째 단계의 불확도를 다음과 같이 계산한다.

**표 4.6** 감쇠량 측정에 따른 부정합 조합

| | SG | 케이블 1 | 어댑터 | 감쇠기 | 케이블 2 | RCV |
|---|---|---|---|---|---|---|
| SG | $\times$ | $(u_{SG:C1})$ | $(u_{SG:Ad})$ | $u_{SG:At}$ | $u_{SG:C2,At}$ | $u_{SG:R,At}$ |
| 케이블 1 | | $\times$ | $(u_{C1:Ad})$ | $u_{C1:At}$ | $u_{C1:C2,At}$ | $u_{C1:R,At}$ |
| 어댑터 | | | $\times$ | $u_{Ad:At}$ | $u_{Ad:C2,At}$ | $u_{Ad:R,At}$ |
| 감쇠기 | | | | $\times$ | $u_{At:C2}$ | $u_{At:R}$ |
| 케이블 2 | | | | | $\times$ | $(u_{C2:R})$ |
| RCV | | | | | | $\times$ |

$$u_{1,mis}^2 = u_{SG:C2}^2 + u_{SG:R}^2 + u_{C1:C2}^2 + u_{C1:R}^2 + u_{Ad:C2}^2 + u_{Ad:R}^2 \tag{4.13}$$

$$u_{2,mis}^2 = u_{SG:At}^2 + u_{SG:C2,At}^2 + u_{SG:R,At}^2 + u_{C1:At}^2 + u_{C1:C2,At}^2 \tag{4.14}$$

$$+ u_{C1:R,At}^2 + u_{Ad:At}^2 + u_{Ad:C2,At}^2 + u_{Ad:R,At}^2 + u_{At:C2}^2 + u_{At:R}^2$$

2개의 불확도를 합성한 합성 불확도를 아래와 같이 계산한다.

$$u_{mis} = \sqrt{u_{1,mis}^2 + u_{2,mis}^2} \tag{4.15}$$

## 4.3 정규화 시험장 감쇠량[11],[12],[13],[14] 측정

전자파 장해(electromagnetic interference, EMI)를 측정하기 위한 시험장의 유효성은 정규화 시험장 감쇠량(normalized site attenuation, NSA)을 측정함으로써 평가된다. 정규화 시험장 감쇠량은 그림 4.6과 그림 4.7에서 보는 바와 같이 두 단계의 측정 과정으로 구성되어 있다. 첫 번째 단계는 케이블을 직접 연결한 전도성 측정($V_{dir}$)이고, 두 번째 단계는 송수신 안테나 사이의 방사성 측정($V_{site}$)이다.

정규화 시험장 감쇠량은 다음에 나오는 식 (4.19)에 의해 정의된다.

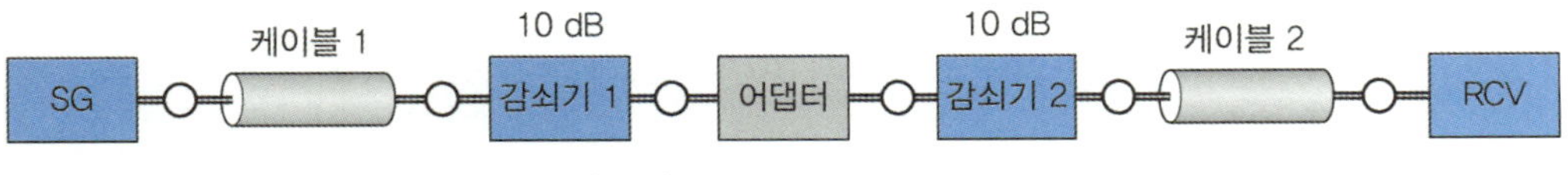


**그림 4.6** NSA 측정 1단계 전도성 전압($V_{dir}$) 측정

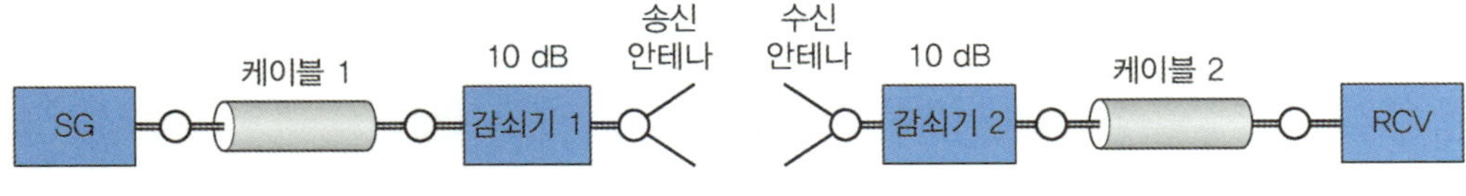


**그림 4.7** NSA 측정 2단계 방사성 전압($V_{site}$) 측정

측정 1단계는 전파 신호 전달 순서로 실시한다.

신호발생기(SG) → 케이블 1 → 10 dB 감쇠기 1 → 어댑터 → 10 dB 감쇠기 2 → 케이블 2 → 수

신기(RCV)

전도성 감쇠량을 케이블에 직접 연결하여 측정한다. 전도성 측정값은 수식으로 다음과 같이 표현한다.

$$V_{dir} \; [dB] = L_{C1} + L_{At1} + L_{Ad} + L_{At2} + L_{C2} + V_{SG} \tag{4.16}$$

여기서 $L_{C1}$, $L_{At1}$, $L_{Ad}$, $L_{At2}$, $L_{C2}$는 각각 케이블 1, 10 dB 감쇠기 1, 어댑터, 10 dB 감쇠기 2, 케이블 2의 손실이며, $V_{SG}$는 신호발생기로부터 나온 전압이다.

측정 2단계에서는 1단계에서 사용한 장치에서 어댑터 대신 송신 안테나와 수신 안테나를 연결하여 시험장의 자유공간 공중에 방사되는 전파의 세기를 측정한다.

$$신호발생기(SG) \rightarrow 케이블\ 1 \rightarrow 10\ dB\ 감쇠기\ 1 \rightarrow 송신\ 안테나 \rightarrow$$
$$\rightarrow <시험장\ 자유공간> \rightarrow$$
$$\rightarrow 수신\ 안테나 \rightarrow 10\ dB\ 감쇠기\ 2 \rightarrow 케이블\ 2 \rightarrow 수신기(RCV)$$

방사성으로 연결한 측정값의 수식은 다음과 같이 나타낼 수 있다.

$$V_{site} \; [dB] = L_{C1} + L_{At1} + [AF_{TX} + AF_{Rx} + NSA + \Delta AF_{TOT}] \tag{4.17}$$
$$+ L_{At2} + L_{C2} + V_{SG}$$

여기서 괄호 [ • ] 안의 요인들은 방사성으로 연결된 부분들로 다음과 같다.

| | |
|---|---|
| $AF_{TX}$ | 송신 안테나 인자, dB/m |
| $AF_{RX}$ | 수신 안테나 인자, dB/m |
| $NSA$ | 정규화 시험장 감쇠량, dB |
| $\Delta AF_{TOT}$ | 상호 임피던스 보정 인자, dBm$^2$ |

만약 루프 안테나 등을 사용하여 전기장 안테나 인자(electric field antenna factor)가 아닌 자기

장 안테나 인자(magnetic field antenna factor)를 사용한 경우, $AF_{TX}$, $AF_{RX}$, $\Delta AF_{TOT}$ 의 단위는 각각 dB(S/m), dB(S/m), dB(m$^2$/S$^2$)를 사용하여야 한다.

식 (4.17)로부터 식 (4.6)을 빼면

$$V_{site} - V_{dir} = AF_{TX} + AF_{Rx} + NSA + \Delta AF_{TOT} - L_{Ad} \tag{4.18}$$

을 얻을 수 있고, 어댑터 손실을 무시하고 다음과 같이 정규화 시험장 감쇠량을 계산할 수 있다.

$$NSA = V_{dir} - V_{site} - AF_{TX} - AF_{Rx} - \Delta AF_{TOT} \tag{4.19}$$

측정 불확도 계산을 위해서는 측정 불확도에 기여하는 개별 인자를 식별하고 개별 인자들에 대한 표준 불확도를 산출해야 한다.

## 4.3.1 전도성 전압(Vdir) 측정 불확도 분석

### 4.3.1.1 부정합 불확도

전도성 측정(1단계 측정)에 관여하는 장치는 케이블 2개를 포함하여 총 7개로 구성되므로 이에 의한 부정합 불확도의 조합 수는 $_7C_2 = \dfrac{7 \cdot 6}{2!} = 21$ 개이다. 다음과 같다.

- 신호발생기(SG)와 수신기(R) 사이에 있는 장치 간 부정합 불확도 6개 성분
  $u(SG:C_1)$, $u(SG:At_1)$, $u(SG:Ad)$, $u(SG:At_2)$, $u(SG:C_2)$, $u(SG:R)$
- 케이블 1(C1)과 수신기(R) 사이에 있는 장치 간 부정합 불확도 5개 성분
  $u(C_1:At_1)$, $u(C_1:Ad)$, $u(C_1:At_2)$, $u(C_1:C_2)$, $u(C_1:R)$
- 감쇠기 1(At1)과 수신기(R) 사이에 있는 장치 간 부정합 불확도 4개 성분
  $u(At_1:Ad)$, $u(At_1:At_2)$, $u(At_1:C_2)$, $u(At_1:R)$
- 어댑터(Ad)와 수신기(R) 사이에 있는 장치 간 부정합 불확도 3개 성분
  $u(Ad:At_2)$, $u(Ad:C_2)$, $u(Ad:R)$
- 감쇠기 2(At2)와 수신기(R) 사이에 있는 장치 간 부정합 불확도 2개 성분
  $u(At_2:C_2)$, $u(At_2:R)$

● 케이블 2(C2)와 수신기 사이의 부정합 불확도 1개 성분

$$u(C_2 : R)$$

방사성 측정으로서 2단계 측정에서 발생하는 부정합은 다음과 같다.

● 신호발생기(SG)와 전송 안테나(TX) 사이에 있는 장치 간 부정합 불확도 3개 성분

$$u(SG : C_1), u(SG : At_1), u(SG : TX)$$

● 케이블 1(C1)과 전송 안테나(TX) 사이에 있는 장치 간 부정합 불확도 2개 성분

$$u(C_1 : At_1), u(C_1 : TX)$$

● 감쇠기 1(At1)과 전송 안테나(TX) 사이에 있는 장치 간 부정합 불확도 1개 성분

$$u(At_1 : TX)$$

● 수신 안테나(RX)와 수신기(R) 사이에 있는 장치 간 부정합 불확도 3개 성분

$$u(RX : At_2), u(RX : C_2), u(RX : R)$$

● 감쇠기 2(At2)와 수신기(R) 사이에 있는 장치 간 부정합 불확도 2개 성분

$$u(At_2 : C_2), u(At_2 : R)$$

● 감쇠기 2(At2)와 수신기(R) 사이에 있는 장치 간 부정합 불확도 1개 성분

$$u(C_2 : R)$$

여기서 송신 안테나와 수신 안테나를 각각 아래첨자 $TX$와 $RX$로 표시하였다.

1단계와 2단계의 부정합 항목 중 $u(SG : C_1)$, $u(SG : At_1)$, $u(C_1 : At_1)$, $u(At_2 : C_2)$, $u(At_2 : R)$, $u(C_2 : R)$는 공통이므로, 이들은 계통오차로 보고 불확도 기여가 없는 것으로 간주한다.

표 4.7과 표 4.8은 부정합 불확도를 계산하기 위한 기본 데이터를 정리한 것이다.

| | 반사 손실 ($\|\Gamma\|$) $\|S_{11}\| = \|S_{22}\|$ | | 삽입 손실 $\|S_{21}\| = \|S_{12}\|$ | |
|---|---|---|---|---|
| | dB | linear | dB | linear |
| 케이블 1 | 23.1 | 0.07 | 1 | 0.891 |
| 케이블 2 | 23.1 | 0.07 | 1 | 0.891 |
| 감쇠기 1 | 26.0 | 0.05 | 10 | 0.316 |
| 감쇠기 2 | 26.0 | 0.05 | 10 | 0.316 |
| 어댑터 | 34.0 | 0.02 | 0.1 | 0.987 |

표 4.8 부정합 불확도 계산을 위한 반사계수 데이터

| | 반사 손실 $\|\Gamma\|$ | |
|---|---|---|
| | dB | linear |
| SG | 14.0 | 0.20 |
| RCV | 14.0 | 0.20 |

신호발생기와 어댑터 간의 부정합에 의한 불확도를 다음과 같이 계산한다.

$$u_{SG:Ad} = \frac{100\,|\Gamma_{SG}|\,|\Gamma_{Ad}|\,|S_{21}|\,|S_{12}|}{11.5\,\sqrt{2}} \tag{4.20}$$

여기서 $|\Gamma_{SG}|$ 와 $|\Gamma_{Ad}|$ 는 각각 신호발생기 출력 포트의 반사계수와 어댑터 입력 포트의 반사계수이고, $|S_{21}| = |S_{12}|$ 은 신호발생기부터 어댑터까지의 경로를 통해 발생한 삽입 손실이며 케이블 1과 감쇠기 1을 지나면서 발생한다. 따라서

$$\begin{aligned} u_{SG:Ad} &= \frac{100 \times (0.20) \times (0.02) \times (0.891 \times 0.316)^2}{11.5\,\sqrt{2}} \\ &= 0.00194\ \text{dB} \end{aligned} \tag{4.21}$$

유사한 방식으로 다른 장치들 간 부정합에 의한 불확도는 다음과 같이 구할 수 있다.

$$u_{SG:At2} = \frac{100 \times (0.20) \times (0.05) \times (0.891 \times 0.316 \times 0.989)^2}{11.5 \sqrt{2}} \tag{4.22}$$
$$= 0.004773 \text{ dB}$$

$$u_{SG:C2} = \frac{100 \times (0.20) \times (0.07) \times (0.891 \times 0.316 \times 0.989 \times 0.316)^2}{11.5 \sqrt{2}} \tag{4.23}$$
$$= 0.000666 \text{ dB}$$

$$u_{SG:RCV} = \frac{100 \times (0.20) \times (0.20) \times (0.891 \times 0.316 \times 0.989 \times 0.316 \times 0.891)^2}{11.5 \sqrt{2}} \tag{4.24}$$
$$= 0.001509 \text{ dB}$$

$$u_{C1:Ad} = \frac{100 \times (0.07) \times (0.02) \times (0.316)^2}{11.5 \sqrt{2}} \tag{4.25}$$
$$= 0.000859 \text{ dB}$$

$$u_{C1:At2} = \frac{100 \times (0.07) \times (0.05) \times (0.316 \times 0.989)^2}{11.5 \sqrt{2}} \tag{4.26}$$
$$= 0.002108 \text{ dB}$$

$$u_{C1:C2} = \frac{100 \times (0.07) \times (0.07) \times (0.316 \times 0.989 \times 0.316)^2}{11.5 \sqrt{2}} \tag{4.27}$$
$$= 0.000294 \text{ dB}$$

$$u_{C1:R} = \frac{100 \times (0.07) \times (0.20) \times (0.316 \times 0.989 \times 0.316 \times 0.891)^2}{11.5 \sqrt{2}} \tag{4.28}$$
$$= 0.000666 \text{ dB}$$

$$u_{At1:Ad} = \frac{100 \times (0.05) \times (0.02)}{11.5 \sqrt{2}} \tag{4.29}$$
$$= 0.006149 \text{ dB}$$

$$u_{At1:At2} = \frac{100 \times (0.05) \times (0.05) \times (0.989)^2}{11.5 \sqrt{2}} \tag{4.30}$$
$$= 0.015093 \text{ dB}$$

$$u_{At1:C2} = \frac{100 \times (0.05) \times (0.07) \times (0.989 \times 0.316)^2}{11.5 \sqrt{2}} \tag{4.31}$$
$$= 0.002108 \text{ dB}$$

$$u_{At1:R} = \frac{100 \times (0.05) \times (0.20) \times (0.989 \times 0.316 \times 0.891)^2}{11.5 \sqrt{2}} \tag{4.32}$$
$$= 0.004773 \text{ dB}$$

$$u_{Ad:At2} = \frac{100 \times (0.02) \times (0.05)}{11.5 \sqrt{2}} \tag{4.33}$$
$$= 0.006149 \text{ dB}$$

$$u_{Ad:C2} = \frac{100 \times (0.02) \times (0.07) \times (0.316)^2}{11.5 \sqrt{2}} \tag{4.34}$$
$$= 0.000859 \text{ dB}$$

$$u_{Ad:R} = \frac{100 \times (0.02) \times (0.20) \times (0.316 \times 0.891)^2}{11.5 \sqrt{2}} \tag{4.35}$$
$$= 0.001944 \text{ dB}$$

1단계 부정합 불확도는 식 (4.21)부터 식 (4.35)까지를 다음 식으로 합성하면 된다.

$$u_{1,mis} = \sqrt{\sum_{i,j} u_{i:j}^2} = 0.0191 \text{ dB} \tag{4.36}$$

개개의 부정합 불확도 성분은 확률분포가 U자형이지만 그것들을 합성한 (4.36)의 불확도 값의 확률분포는 정규분포가 된다.

### 4.3.1.2 계측기 불확도(신호발생기)

■ **절대 출력 레벨(absolute output level) 불확도:** 1단계와 2단계에서 신호발생기의 출력 레벨을 조정하지 않으므로 절대 출력 레벨의 불확도 요인은 계통오차로 보고 불확도 기여가 없는 것으로 간주한다.

$$u_{SG\_abs/outlev} = 0 \text{ dB} \tag{4.37}$$

■ **출력 레벨 안정도(output level stability) 불확도:** 출력 레벨 안정도는 신호발생기의 교정 성적서 또는 제조사가 제공하는 매뉴얼에서 찾을 수 있다. 여기서, 제조사 매뉴얼에 ± 0.01 dB로 주어지고 확률분포에 대해 아무런 언급이 없다. 확률분포에 대한 정보가 없을 경우 직각분포로 가정한다. 그러므로 출력 레벨 안정도 불확도는 다음과 같다.

$$u_{SG\_sta/outlev} = \frac{0.02}{2 \sqrt{3}} = 0.00577 \text{ dB} \tag{4.38}$$

## 4.3.1.3 케이블 1 및 케이블 2

■ **케이블 삽입 손실(insertion loss) 불확도:** 케이블의 삽입 손실은 별도의 측정 과정을 거쳐 측정하여야 하며, 이 과정에서 불확도 요인이 존재한다. 여기서는 1단계와 2단계에서 모두 동일한 케이블을 사용하므로 불확도 요인은 계통오차로 보고 불확도 기여가 없는 것으로 간주한다.

$$u_{C1\,:\,inloss} = u_{C2\,:\,inloss} = 0 \text{ dB} \tag{4.39}$$

■ **케이블 요인(cable factor) 불확도:** 케이블 요인은 시험장 및 시험 설치 구성과 케이블 간의 상호작용을 의미한다. 여기에는 케이블 차폐의 불완전에 의한 누설, 송신 안테나에 의한 기생 효과, 안테나 발룬의 공통모드(common mode) 전류 등이 포함된다. 페라이트 비드(ferrite beads) 등을 사용하고 케이블 설치에 주의를 기울인 경우 표준 불확도는 0.5 dB를 사용하고, 불확도 저감에 별다른 노력이 없었다면 표준 불확도는 4.0 dB를 사용한다. 1단계에서는 전도성으로 연결되어 외부 전자기장이 없고, 누설전류에 의한 효과만 있다. 일반적으로 케이블에 의한 누설전류의 영향은 매우 작으므로 케이블 요인에 의한 불확도 기여는 무시할 수준이다.

$$u_{C1\,:\,fac} = u_{C2\,:\,fac} = 0 \text{ dB} \tag{4.40}$$

## 4.3.1.4 감쇠기 1 및 감쇠기 2

■ **삽입 손실 불확도:** 감쇠기의 삽입 손실은 별도의 측정 과정을 거치거나 제조사 매뉴얼에 주어진 데이터를 이용할 수 있다. 여기서는 1단계와 2단계에서 모두 동일한 감쇠기를 사용하므로 불확도 요인은 계통오차로 보고 불확도 기여가 없는 것으로 간주한다.

$$u_{At1\,:\,inloss} = u_{At2\,:\,inloss} = 0 \text{ dB} \tag{4.41}$$

## 4.3.1.5 어댑터의 삽입 손실 불확도

■ **삽입 손실 불확도:** 어댑터의 삽입 손실 불확도는 제조사 매뉴얼에 주어진 데이터를 이용할 수 있다. 여기서, 제조사 매뉴얼에 ± 0.01 dB로 주어지고 확률분포에 대해 아무것도 언급이

없다. 확률분포에 대한 정보가 없을 경우 직각분포로 가정한다. 따라서 어댑터 삽입 손실 불확도는 다음과 같다.

$$u_{Ad:inloss} = \frac{0.01}{2\sqrt{3}} = 0.00289 \text{ dB} \tag{4.42}$$

## 4.3.1.6 수신기

■ **절대 레벨 불확도:** 측정의 1단계에서는 수신 레벨이 기준 레벨로 고정되고, 2단계에서 수신된 레벨과 비교하게 되므로, 수신기 절대 레벨 불확도는 2단계에서만 고려하면 된다.

$$u_{R:abs/lev} = 0 \text{ dB} \tag{4.43}$$

■ **선형성 불확도:** 측정의 1단계에서는 수신 레벨이 기준 레벨로 고정되므로, 선형성 불확도는 0 dB로 간주한다.

$$u_{R:sta/lev} = 0 \text{ dB} \tag{4.44}$$

## 4.3.1.7 우연 요인(반복도에 의한 평가)

■ **우연 불확도(random uncertainty):** 우연 요인에 의한 불확도는 반복 측정에 의한 A형 불확도로 평가한다. 그러나 같은 계측기 및 케이블 등으로 $V_{dir}$을 장기간 측정 데이터를 가지고 있다면 A형 불확도를 산출하지 않고 B형 불확도인 반복도로 우연 요인을 평가할 수도 있다. 다음과 같은 측정값을 이미 확보하고 있다고 가정한다.

■ **측정값 (dBμV):** 87.8, 88.1, 87.9, 88.2, 87.7, 88.0, 88.3, 87.8, 87.6, 87.9

이 데이터들의 평균은

$$\overline{x} = \frac{\sum_{i=1}^{10} x_i}{10} = \frac{87.8 + 88.1 + 87.9 + 88.2 + 87.7 + 88.0 + 88.3 + 87.8 + 87.6 + 87.9}{10}$$

$$= 87.93 \ \mathrm{dB\mu V}$$

이 데이터들의 표준편차는 다음과 같다.

$$\sigma = \sqrt{\frac{\sum_{i=1}^{10}\left(x_i - \overline{x}\right)^2}{n-1}} = \sqrt{\frac{\sum_{i=1}^{10}\left(x_i - 87.93\right)^2}{9}} = 0.22 \ \mathrm{dB\mu V}$$

이 항목은 반복 측정으로 산출한 A형 불확도가 아니라 기존에 가지고 있던 데이터를 가지고 평가한 B형 불확도이다. 이 데이터는 3장의 A형 불확도 산출 예시에서 사용한 데이터와 동일하다. 반복 측정 데이터로 A형 불확도 평가한 결과는 실험 표준편차 공식 (3.23)에 따라 계산하여 0.070 dB이었다. 이를 경험으로 누적된 데이터로 보고 B형 불확도인 반복도로 평가할 경우 표준편차 계산에 따라 0.22 dB를 얻었다. 즉, 사용하는 데이터가 동일하다고 하더라도 평가하는 방식에 따라 불확도 값이 달라질 수 있다.

여기 예에서는 B형 불확도 평가가 A형 불확도 평가보다 훨씬 더 큰 결과를 보였는데 측정의 성질에 따라서는 반대의 결과도 나올 수 있다. 일반적으로 측정의 우연 효과를 반복 측정에 의한 A형 불확도로 평가하는 것보다 누적된 데이터를 활용한 반복도의 B형 불확도 평가의 값이 더 크게 나오는 것이 불확도 평가에서 오류의 위험성을 줄이는 것으로 보인다. 매번 측정하는 것이 까다로울 때 여러 번 반복 측정을 수행하는 것보다 누적된 데이터를 근거로 반복도에 의한 B형 평가가 더 편리하다. 특히, 한 번 측정하는 데 있어서 시간상 오래 걸리고 노력이 많이 필요한 야외 시험장의 시험이나 안테나 시험 등은 불확도가 좀 커지더라도 반복도에 의한 우연 효과를 평가하는 것이 더 유리할 것이다. 안테나 측정 등에서 A형 불확도를 산입하여 전체 불확도를 추정하는 경우는 그 시스템으로 최초의 불확도 평가를 하는 때 외에 별로 없다.

## 4.3.1.8 전도성 측정 불확도 산출

전도성 측정인 1단계 불확도 요인들과 해당 불확도 값들을 표 4.9에 정리하였다.

| 식별자 | 불확도 기여 항목 | 값(dB) |
|---|---|---|
| $u_{1,mis}$ | 부정합 | 0.019 |
| $u_{SG\_abs/outlev}$ | 신호발생기 절대 출력 레벨 | 0.000 |
| $u_{SG\_sta/outlev}$ | 신호발생기 출력 레벨 안정도 | 0.006 |
| $u_{C1:inloss}$ | 케이블 1 삽입 손실 | 0.000 |
| $u_{C1:fac}$ | 케이블 1 케이블 요인 | 0.000 |
| $u_{C2:inloss}$ | 케이블 2 삽입 손실 | 0.000 |
| $u_{C2:fac}$ | 케이블 2 케이블 요인 | 0.000 |
| $u_{At1:inloss}$ | 감쇠기 1 삽입 손실 | 0.000 |
| $u_{At2:inloss}$ | 감쇠기 2 삽입 손실 | 0.000 |
| $u_{Ad:inloss}$ | 어댑터 삽입 손실 | 0.003 |
| $u_{R:abs/lev}$ | 수신기 절대 레벨 | 0.000 |
| $u_{R:sta/lev}$ | 수신기 선형성 | 0.000 |
| $u_{1,rand}$ | 우연적 요인(반복도에 의한 평가) | 0.22 |

이들의 합성표준 불확도를 다음과 같이 계산한다.

$$u_1 = \sqrt{\begin{aligned} &u_{1,mis}^2 + u_{SG\_abs/outlev}^2 + u_{SG\_sta/outlev}^2 + u_{C1:inloss}^2 \\ &+ u_{C1:fac}^2 + u_{C2:inloss}^2 + u_{C2:fac}^2 + u_{At1:inloss}^2 \\ &+ u_{At2:inloss}^2 + u_{Ad:inloss}^2 + u_{R:abs/lev}^2 + u_{R:sta/lev}^2 + u_{1,rand}^2 \end{aligned}} \tag{4.45}$$

$$= 0.2209\,\mathrm{dB}$$

## 4.3.2 방사성 전압(Vsite) 측정 불확도 분석

### 4.3.2.1 부정합 불확도

그림 4.4에서 2단계 측정으로 방사성 측정에 관여하는 부분은 송신부 4개와 수신부 4개이며 부정합 불확도의 조합수는 $2 \cdot {}_4C_2 = 2 \cdot \dfrac{4 \cdot 3}{2!} = 12$개다. 1단계와 2단계에 동시에 관여하는 부정합 6개를 제외하면 다음과 같은 6개의 불확도 항목이 있다.

- 신호발생기(SG)와 전송 안테나(TX) 부정합: $u(SG:TX)$
- 케이블 1(C1)과 전송 안테나(TX) 부정합: $u(C_1:TX)$

- 감쇠기 1(At1)과 전송 안테나(TX) 부정합: $u(At_1:TX)$
- 전송 안테나(TX)와 감쇠기 2(At2) 부정합: $u(RX:At_2)$
- 전송 안테나(TX)와 케이블 2(C2) 부정합: $u(RX:C_2)$
- 전송 안테나(TX)와 수신기(R) 부정합: $u(RA:R)$

여기서 송신 안테나와 수신 안테나의 반사계수가 $|\Gamma_{Tx}| = |\Gamma_{Rx}| = 0.333$이라고 가정하고, 표 4.7과 표 4.8 데이터를 이용하여 6개의 부정합 불확도 항목을 다음과 같이 계산할 수 있다.

$$u_{SG:TA} = \frac{100 \times (0.20) \times (0.33) \times (0.891 \times 0.316 \times)^2}{11.5\sqrt{2}} \tag{4.46}$$

$$= 0.032451 \text{ dB}$$

$$u_{C1:TA} = \frac{100 \times (0.07) \times (0.33) \times (0.316 \times)^2}{11.5\sqrt{2}} \tag{4.47}$$

$$= 0.014330 \text{ dB}$$

$$u_{At1:TA} = \frac{100 \times (0.05) \times (0.33)}{11.5\sqrt{2}} \tag{4.48}$$

$$= 0.102620 \text{ dB}$$

$$u_{RA:At2} = \frac{100 \times (0.33) \times (0.05)}{11.5\sqrt{2}} \tag{4.49}$$

$$= 0.102620 \text{ dB}$$

$$u_{RA:C2} = \frac{100 \times (0.33) \times (0.07) \times (0.316 \times)^2}{11.5\sqrt{2}} \tag{4.50}$$

$$= 0.014330 \text{ dB}$$

$$u_{RA:R} = \frac{100 \times (0.33) \times (0.20) \times (0.316 \times 0.891 \times)^2}{11.5\sqrt{2}} \tag{4.51}$$

$$= 0.032451 \text{ dB}$$

2단계 부정합 불확도는 식 (4.36)부터 식 (4.41)까지 다음 식으로 합성하면 된다.

$$u_{2,mis} = \sqrt{\sum_{i,j} u_{i:j}^2} = 0.1536 \text{ dB} \tag{4.52}$$

## 4.3.2.2 송신 안테나 및 수신 안테나

- **안테나 인자(antenna factor) 불확도:** 측정에 사용되는 안테나 인자 불확도이며, 안테나 교정 성적서를 참고할 수 있다. 안테나 교정 성적서에 안테나 인자 측정 불확도가 $\pm 0.5$ dB $(k = 2)$로 보고되었다. 이 경우 확장 인자 $k = 2$로 신뢰 수준 95%(엄밀히는 95.45%)에 해당하는 확장 불확도이며 그 값이 $0.5$ dB라는 의미이다. 따라서 표준 불확도는 확장 불확도를 $k = 2$로 나누어 구한다.

$$u_{TX:AF} = u_{RX:AF} = \frac{0.5}{2} = 0.25 \ \text{dB} \tag{4.53}$$

- **안테나 튜닝(antenna tuning) 불확도:** 안테나를 부정확한 튜닝이 원인이 되어 발생하는 불확도이다. 여기 사례에서 0.06 dB로 추정한다.

$$u_{TX:tune} = u_{RX:tune} = 0.06 \ \text{dB} \tag{4.54}$$

- **안테나 위상중심(phase center) 불확도:** 측정 시 송수신 안테나 거리를 산정할 때 위상중심 오차에 의해 야기된다. 안테나 위상중심은 주파수에 따라 다르므로 모든 주파수에서 위상중심을 정의할 수 없다. 혼 안테나의 경우 최대 위치 불확도는 $d_p = 0.5 \times \text{taper length}$이며, 직각분포를 갖는다. 2단계 측정에서 거리가 3 m이고 위상중심의 편차가 $\pm 0.01$ m 라면 $0.01 / 3 = 0.333$ % 의 불확도가 존재한다. 따라서 표준 불확도는 $0.333 / \sqrt{3} = 0.192$ % 이며, 이를 dB 단위로 변환하기 위해 곱인자 0.0870을 곱해주면 0.0167 dB가 된다.

$$u_{TX:phcen} = u_{RX:phcen} = 0.0167 \ \text{dB} \tag{4.55}$$

2단계 송수신 안테나에 의한 불확도는 식 (4.43)부터 식 (4.45)까지를 다음 식으로 합성하면 된다.

$$u_{2,Ant} = \sqrt{\begin{array}{l} u_{TX:AF}^2 + u_{TX:tune}^2 + u_{TX:phcen}^2 \\ + u_{RX:AF}^2 + u_{RX:tune}^2 + u_{RX:phcen}^2 \end{array}} \tag{4.56}$$

$$= 0.2962 \ \text{dB}$$

### 4.3.2.3 시험장[5]

- **측정 거리(range legnth) 불확도:** 송신 안테나와 수신 안테나 사이의 거리에 따라 발생하는 파면의 곡률과 관련된 불확도이다. 측정 거리에 따른 불확도 기여량은 표 4.10에 정리하였다. 측정 거리가 3 m이고 100 MHz에서 동작하는 $d = \lambda/2$에 해당하는 안테나를 사용한 경우, 불확도 기여량은 0.1 dB에 해당한다.

$$u_{Range} = 0.10 \text{ dB} \tag{4.57}$$

**표 4.10** 측정 거리에 의한 불확도

| 측정 거리(송수신 안테나 위상중심 간 거리) | 불확도 기여량 |
|---|---|
| $\dfrac{(d_1+d_2)^2}{4\lambda} \leq R \leq \dfrac{(d_1+d_2)^2}{2\lambda}$ | 1.26 dB |
| $\dfrac{(d_1+d_2)^2}{2\lambda} \leq R \leq \dfrac{(d_1+d_2)^2}{\lambda}$ | 0.30 dB |
| $\dfrac{(d_1+d_2)^2}{\lambda} \leq R \leq \dfrac{2(d_1+d_2)^2}{\lambda}$ | 0.10 dB |
| $R \geq \dfrac{2(d_1+d_2)^2}{\lambda}$ | 0.00 dB |

※ 여기서 $d_1$과 $d_2$는 안테나의 최대 크기이다.
※ 송수신 안테나가 ANSI 다이폴인 경우, 불확도 기여량은 0.00 dB로 간주한다.

- **주위 잡음 효과(ambient effect) 불확도:** 측정 시험장 주위의 전자파 잡음에 의한 불확도이다. 측정값과 잡음레벨(noise floor)의 차이에 따라 불확도를 달리 적용하며, 그 값은 표 4.11에 주어진다. 여기서는 차폐된 시험장은 불확도 기여량이 0.00 dB이다.

$$u_{Ambient} = 0.00 \text{ dB} \tag{4.58}$$

---

5) 참고문헌 [1] 참조.

**표 4.11** 주위 잡음 효과 불확도

| 측정값과 잡음레벨의 차 | 불확도 기여량 |
| --- | --- |
| 3 dB 이하 | 1.57 dB |
| 3 dB ~ 6 dB | 0.80 dB |
| 6 dB ~ 10 dB | 0.30 dB |
| 10 dB ~ 20 dB | 0.10 dB |
| 20 dB 이상 | 0.00 dB |

※ 측정 환경이 차폐된 경우 불확도 기여량은 0.00 dB로 간주한다.

■ **안테나와 흡수체에 투영된 이미지(image) 안테나 간 상호결합(mutual coupling) 불확도:** 안테나 근처에 흡수체가 존재할 때, 실제 안테나와 흡수체에 투영된 이미지 안테나 간의 상호결합 효과가 나타날 수 있으며 이는 안테나의 입력 임피던스나 이득에 영향을 줄 수 있다. 송수신 안테나 모두에 존재하며, 불확도 기여량은 각각 0.5 dB로 간주한다.

$$u_{TX:ImAbsorb} = u_{RX:ImAbsorb} = 0.50 \text{ dB} \tag{4.59}$$

■ **안테나와 접지면 내 이미지 안테나 간의 상호결합(mutual coupling) 불확도:** 안테나 근처에 접지 면이 존재할 때, 실제 안테나와 접지 면에 투영된 이미지 안테나 간의 상호결합 효과가 나타날 수 있으며 안테나 입력 임피던스나 이득에 영향을 줄 수 있다. 접지 면과 실제 안테나 사이의 거리에 따라 불확도 기여량을 달리하며, 표 4.12에 주어진다. 여기서는 100 MHz에서 수직 편파로 측정한다고 가정하고, 송신 안테나는 1 m 높이에 고정되고 수신 안테나는 3 m 높이에 고정되었다면, 불확도 기여량은 송수신 안테나 모두 0.15 dB이다.

**표 4.12** 안테나와 접지 면 내 이미지 안테나 간 상호결합 불확도

| 편파 | 접지 면과 안테나 간 거리 | 불확도 기여량 |
| --- | --- | --- |
| 수직 편파 | $s \leq 1.25\lambda$ | 0.15 dB |
| | $s > 1.25\lambda$ | 0.06 dB |
| 수평 편파 | $s < 0.5\lambda$ | 1.15 dB |
| | $0.5\lambda \leq s < 1.5\lambda$ | 0.58 dB |
| | $1.5\lambda \leq s < 3\lambda$ | 0.29 dB |
| | $s > 3\lambda$ | 0.15 dB |

※ 송수신 안테나가 ANSI 다이폴인 경우, 불확도 기여량은 0.00 dB로 간주한다.

$$u_{TX:Im\,Ground} = u_{RX:Im\,Ground} = 0.15 \text{ dB} \tag{4.60}$$

■ **송수신 안테나 간의 상호결합(mutual coupling) 불확도:** 송수신 안테나가 유한한 거리에 놓여 있어서 안테나의 입력 임피던스나 이득에 영향을 줄 수 있다. 불확도 기여량은 표 4.13에 주어지며, 주파수가 100 MHz일 때 측정 거리가 3 m라면, 불확도 기여량은 0.6 dB이다.

$$u_{TX:RX} = 0.6 \text{ dB} \tag{4.61}$$

**표 4.13** 송수신 안테나 간 상호결합 불확도

| 주파수(MHz) | 불확도 기여량 | |
|---|---|---|
| | 안테나 간 거리 3 m | 안테나 간 거리 10 m |
| $30 \leq f < 80$ | 1.73 dB | 0.60 dB |
| $80 \leq f < 180$ | 0.60 dB | 0.00 dB |
| $f \geq 180$ | 0.00 dB | 0.00 dB |

※ 송수신 안테나가 ANSI 다이폴인 경우, 불확도 기여량은 0.00 dB로 간주한다.

■ **흡수체의 반사계수에 의한 불확도:** 시험장(챔버)의 벽이나 천정 등 전파의 반사에 의해 발생하는 불확도 기여 항목이며 표 4.14에 주어진다. 여기서 흡수체의 반사계수가 30 dB 이상이라고 하면, 불확도 기여량은 0.74 dB이다.

$$u_{Absorb:refl} = 0.74 \text{ dB} \tag{4.62}$$

**표 4.14** 챔버 흡수체의 반사율에 의한 불확도

| 반사계수 $\rho$(dB) | 불확도 기여량 |
|---|---|
| $\rho < 10$ | 4.76 dB |
| $10 \leq \rho < 15$ | 3.92 dB |
| $15 \leq \rho < 20$ | 2.56 dB |
| $20 \leq \rho < 30$ | 1.24 dB |
| $\rho \geq 30$ | 0.74 dB |

단계 시험장에 의한 불확도는 식 (4.47)부터 식 (4.52)까지를 다음 식으로 합성하면 된다.

$$u_{2,Site} = \sqrt{\begin{array}{l} u_{Range}^2 + u_{Ambient}^2 + u_{TX:ImAbsorb}^2 + u_{RX:ImAbsorb}^2 \\ + u_{TX:ImGround}^2 + u_{RX:ImGround}^2 + u_{TX:RX}^2 + u_{Absorb:refl}^2 \end{array}} \tag{4.63}$$

$$= 1.2094 \text{ dB}$$

### 4.3.2.4 계측기(신호발생기)

1단계와 동일하다.

$$u_{SG\_abs/outlev} = 0 \text{ dB} \tag{4.64}$$

$$u_{SG\_sta/outlev} = 0.00577 \text{ dB} \tag{4.65}$$

### 4.3.2.5 케이블 1 및 케이블 2

■ **케이블 삽입 손실(insertion loss) 불확도:** 1단계와 동일하다.

$$u_{C1:inloss} = u_{C2:inloss} = 0 \text{ dB} \tag{4.66}$$

■ **케이블 요인(cable factor) 불확도:** 1단계에서는 전도성으로 연결되어 불확도 기여량은 무시되었다. 2단계에서는 방사성으로 연결되어 케이블 주변에 전자기장이 존재한다. 페라이트 비드(ferrite beads) 등을 사용하고 케이블 설치에 주의를 기울인 경우 표준 불확도는 0.5 dB를 사용하고, 불확도 저감에 별다른 노력이 없었다면 표준 불확도는 4.0 dB를 사용한다. 여기서 페라이트 비드를 사용하였다고 가정하면, 불확도 기여량은 0.5 dB이다.

$$u_{C1:fac} = u_{C2:fac} = 0.5 \text{ dB} \tag{4.67}$$

### 4.3.2.6 감쇠기 1 및 감쇠기 2

1단계와 동일하다.

$$u_{At1:inloss} = u_{At2:inloss} = 0 \text{ dB} \tag{4.68}$$

## 4.3.2.7 계측기(수신기)

- **절대 레벨 불확도:** 측정의 1단계에서는 수신 레벨이 기준 레벨로 고정되고, 2단계에서 수신 레벨과 비교함으로, 수신기 절대 레벨 불확도를 2단계에서만 고려한다. 교정 성적서를 참고할 수 있는데, 교정 성적서에 ± 0.7 dB ($k = 2$)라고 주어졌다. 포함 인자 $k = 2$로 신뢰 수준 95%에 해당하며 확장 불확도가 0.7 dB라는 의미이다. 따라서 표준 불확도는 확장 불확도를 $k = 2$로 나누어 구한다.

$$u_{R:abs/lev} = \frac{0.7}{2} = 0.35 \text{ dB} \tag{4.69}$$

- **선형성 불확도:** 1단계와 2단계 사이에 기준 레벨의 변화가 없으므로 선형성 불확도는 0 dB로 간주한다.

$$u_{R:sta/lev} = 0 \text{ dB} \tag{4.70}$$

## 4.3.2.8 우연 요인

우연적 요인에 의한 불확도는 반복 측정에 의한 A형 불확도로 평가한다. 여기서는 10번 측정하여 다음과 같은 측정값을 얻었다.

측정값 (dBμV): 57.8, 58.9, 57.9, 56.4, 57.7, 58.6, 58.3, 56.8, 57.6, 57.9

이를 선형 단위로 변환하면 다음과 같다.

$x_i$ (μV): 776.247, 881.049, 785.236, 660.693, 767.361, 851.138, 822.243, 691.831, 758.578, 785.236

평균값은 다음과 같이 계산된다.

$$\mu = \frac{1}{10}\sum_{i=1}^{10} x_i = 777.961 \ \mu V \tag{4.71}$$

평균의 실험 표준편차는 다음과 같이 계산된다.

$$s(\overline{x}) = \sqrt{\frac{\sum_{i=1}^{10}(x_i - 24.925)^2}{10 \times 9}} = 21.005 \ (\mu V)$$

이를 평균값으로 나누어 dB 단위로 나타낸 표준 불확도는 다음과 같다.

$$u_{1,rand} = \frac{21.005}{777.961} \times \frac{100}{11.5} = 0.235 \ \text{dB} \tag{4.72}$$

목적 단위가 dB이기 때문에 굳이 선형값으로 바꾸지 않고 계산해도 되는데 두 가지 경우 차이가 없다는 것을 확인하기 위하여 선형값으로 바꾸어 A형 불확도를 계산한 후 다시 dB 변환 공식을 바꾸는 작업을 했다. 변환하지 않고 A형 불확도를 계산하면 0.239 dB로, 그 차이는 0.004 dB 이다.

### 4.3.2.9 2단계 불확도 정리

2단계 불확도 요인들과 해당 불확도 값들을 표 4.15에 정리하였다. 이들의 합성표준 불확도를 다음과 같이 계산한다.

$$u_2 = \sqrt{\begin{array}{c} u_{2,mis}^2 + u_{2,Ant}^2 + u_{2,Site}^2 \\ + u_{SG\_abs/outlev}^2 + u_{SG\_sta/outlev}^2 + u_{C1:inloss}^2 + u_{C1:fac}^2 \\ + u_{C2:inloss}^2 + u_{C2:fac}^2 + u_{At1:inloss}^2 + u_{At2:inloss}^2 + u_{Ad:inloss}^2 \\ + u_{R:abs/lev}^2 + u_{R:sta/lev}^2 + u_{1,rand}^2 \end{array}} \tag{4.73}$$

$$= 1.482 \ \text{dB}$$

**표 4.15** 2단계 측정의 불확도

| 식별자 | 불확도 기여 항목 | 값(dB) |
|---|---|---|
| $u_{2,mis}$ | 부정합 | 0.154 |
| $u_{2,Ant}$ | 송수신 안테나 | 0.296 |
| $u_{2,Site}$ | 시험장 | 1.209 |
| $u_{SG\_abs/outlev}$ | 신호발생기 절대 출력 레벨 | 0.000 |
| $u_{SG\_sta/outlev}$ | 신호발생기 출력 레벨 안정도 | 0.006 |
| $u_{C1:inloss}$ | 케이블 1 삽입 손실 | 0.000 |
| $u_{C1:fac}$ | 케이블 1 케이블 요인 | 0.500 |
| $u_{C2:inloss}$ | 케이블 2 삽입 손실 | 0.000 |
| $u_{C2:fac}$ | 케이블 2 케이블 요인 | 0.500 |
| $u_{At1:inloss}$ | 감쇠기 1 삽입 손실 | 0.000 |
| $u_{At2:inloss}$ | 감쇠기 2 삽입 손실 | 0.000 |
| $u_{R:abs/lev}$ | 수신기 절대 레벨 | 0.350 |
| $u_{R:sta/lev}$ | 수신기 선형성 | 0.000 |
| $u_{2,rand}$ | 우연 요인(A형 불확도) | 0.235 |

### 4.3.3 합성표준 불확도 및 확장 불확도

측정의 1단계 및 2단계에서 발생하는 불확도로부터 다음과 같이 합성표준 불확도를 얻을 수 있다.

$$u_c = \sqrt{u_1^2 + u_2^2} = \sqrt{0.2209^2 + 1.482^2} = 1.498 \text{ dB} \tag{4.74}$$

일반적으로 확장 인자 $k = 2$를 사용하는 경우가 많으며 이때의 신뢰 수준은 95.45%에 해당한다. 신뢰 수준 95.45%에 해당하는 확장 불확도는 다음과 같다.

$$U = k \cdot u_c = 2 \times 1.498 = 2.997 \text{ dB} \tag{4.75}$$

# 4.4 무선기기 안테나 공급 전력 측정

무선기기의 안테나 공급 전력은 무선기기의 안테나를 통해 송신되는 총 전력이다. 우리나라 전파법 규정은 안테나 공급 전력을 그림 4.8과 같이 안테나를 제거한 무선기기의 출력단에서 전도성으로 측정한다. 그에 따라 불확도 기여 항목과 기여량에 대한 산출 실무 절차를 기술한다.

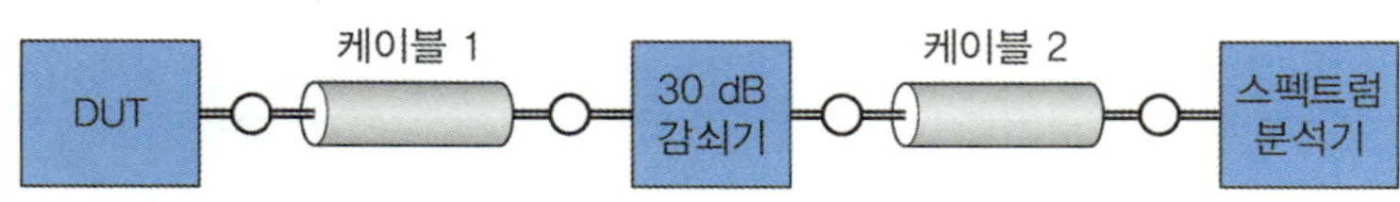


**그림 4.8** 안테나 공급 전력 측정 구성

## 4.4.1 A형 불확도

A형 불확도는 우연적 요인에 의한 불확도를 산출하는 절차이다. 앞에서도 설명한 바와 같이 일정 기간 동안 시험한 데이터를 가지고 있다면 그 데이터를 기반으로 '반복도' 등의 항목으로 우연 요인의 불확도를 추정할 수 있다. 그 경우 꼭 A형 불확도를 산출하지 않아도 된다. 다만 반복도 등으로 우연 요인으로서 추정한 불확도는 A형 불확도가 아니라 B형 불확도 범주에 속한다.

전파법에서는 무선기기의 안테나 공급 전력은 dBm 등의 상댓값이 아닌 밀리와트(mW)의 선형값으로 규정하고 있기 때문에 전력을 선형값으로 측정해야 한다. 불확도도 마찬가지로 그 단위에 맞추어 산출해야 한다. 본 책에서 다루지 않지만 무선기기 인증시험 항목 중 스퓨리어스나 대역외 발사 등은 dB로 규정하기 때문에 그들의 측정값과 불확도는 dB로 보고하여야 한다.

중계용 무선기기를 시험할 때 안테나 공급 전력을 총 11회 측정하여 값이 표 4.16처럼 얻었다. 그에 따라 무선기기의 안테나 공급 전력 측정값 평균은

$$\bar{x} = \frac{1}{11} \sum_{i=1}^{11} x_i = 11.480 \ (\text{mW}) \tag{4.76}$$

이고, 평균의 실험 표준편차는 아래와 같다.

$$s = \sqrt{\frac{\sum_{i=1}^{11} (x_i - 11.480)^2}{11 \times 10}} = 0.006978 \ (\text{mW}) \tag{4.77}$$

**표 4.16** 공중선 전력 측정값

| 측정 회차 | 측정 전력(mW) |
|---|---|
| 1 | 11.505 |
| 2 | 11.430 |
| 3 | 11.489 |
| 4 | 11.468 |
| 5 | 11.489 |
| 6 | 11.446 |
| 7 | 11.495 |
| 8 | 11.489 |
| 9 | 11.495 |
| 10 | 11.495 |
| 11 | 11.484 |

따라서 백분율로 나타낸 표준 불확도=실험표준편차/측정평균값 × 100 에서

$$u_A = \frac{0.006978}{11.480} \times 100 = 0.0608 \ \ (\text{Power} \ \%) \tag{4.78}$$

이고, dB 단위로 변환하기 3.2의 표 3.1을 참고하여 23으로 나눠주면 dB 단위로 나타낸 표준 불확도는 다음과 같다.

$$u_A = \frac{0.0608}{23} = 0.003 \ \ \text{dBm} \tag{4.79}$$

목적 단위가 mW로 선형값인데 측정을 선형으로 계산 후 굳이 dB로 바꾼 이유는 뒤에서 볼 것이지만 측정값 외에 분석할 많은 B형 불확도 요인이 모두 dB로 주어졌기 때문에 계산의 편리를 위해서이다. 여기서 모든 불확도 항목을 dB로 계산한 후에 그 결과를 선형으로 변환하는 것이 계산에 편리했다.

## 4.4.2 스펙트럼분석기 불확도 기여 항목

계측기(스펙트럼분석기)로 신호의 세기 등을 측정할 때, 제조사의 계측기 형식이나 버전에

따라 불확도나 오차를 자료로 제공한다. 그것을 참고하여 불확도를 산출한다. 또는 계측기 교정 성적서에 측정하고자 하는 해당 측정량의 교정 결과를 이용해도 좋다.

이 장에서 전력을 측정할 때 계측기에 공통되는 불확도 요인으로서 전력의 절대 레벨 불확도와 계측기가 측정값을 읽는 소수 자릿수(digit) 분해능을 불확도로서 고려한다.

### 4.4.2.1 절대 레벨

스펙트럼분석기의 절대 레벨(absoute amplitude) 오차는 제조사의 데이터시트에 280 MHz에서 0.3 dB로 주어졌다. 다르게 추정할 근거가 없을 경우 직각분포로 추정하며 이 경우 절대 레벨 불확도는 다음과 같다.

$$u_{SA,abs} = \frac{0.3}{\sqrt{3}} = 0.173 \text{ dB} \tag{4.80}$$

### 4.4.2.2 스펙트럼분석기 자릿수(digit) 분해능

스펙트럼분석기의 출력값은 소수 이하 세 자리이다. 따라서 폭이 0.001 dB인 직각분포로 추정하면, 스펙트럼분석기 자릿수 오차에 의한 표준 불확도는 다음과 같이 산출된다.

$$u_{SA,digit} = \frac{0.001}{2\sqrt{3}} = 0.0003 \text{ dB} \tag{4.81}$$

따라서 스펙트럼분석기와 관련된 불확도 기여량을 합성하면 다음과 같이 산출된다.

$$u_{SA} = \sqrt{u_{SA,abs}^2 + u_{SA,digit}^2} = 0.1730003 \text{ dB} \tag{4.82}$$

## 4.4.3 DUT 관련 불확도 기여 항목

### 4.4.3.1 온도 영향

참고문헌 [9](ETSI TR 100 028)에 따르면 다른 방법이나 데이터로 알 수 없는 경우, 온도 영향 오차는 1 ℃당 1.2 %(power)로 추정한다. 시험 환경의 온도 편차를 ±3 ℃로 추정하면 시험 대상 기기(device under test, DUT)의 온도 영향 오차는 1.2 %(power)/℃ × 3 ℃ = 3.6 %(power)이다. 이것을 dB 단위로 환산하면 3.6 % / 23 = 0.157 dB이고 직각분포로 추정하여 표준 불확도는 0.0904 dB이다.

$$u_{DUT,temp} = 0.0904 \text{ dB} \tag{4.83}$$

온도 변화의 추정은 시험실과 시험 환경의 조건에 맞추어 적정하게 추정한다.

### 4.4.3.2 Time－duty cycle 오차

Time－duty cycle 오차도 참고문헌 [9](ETSI TR 100 028)에서 2 %(power)로 준다. 이것을 dB 환산하면 2 % / 23= 0.0870 dB이며 직각분포로 추정하면 표준 불확도는 0.0502 dB이다.

$$u_{DUT,time-duty} = 0.0502 \text{ dB} \tag{4.84}$$

### 4.4.3.3 공급 전압

공급 전압 오차(supply voltage dependency)는 ETSI TR 100 028에서 3 %(power)로 주며 dB 단위 변환 시 3 % / 23 = 0.130 4 dB이며 직각분포로 추정하면 표준 불확도는 0.0753 dB이다.

$$u_{DUT,supply} = 0.0753 \text{ dB} \tag{4.85}$$

따라서 DUT 관련 불확도 기여량을 합성하면, 다음과 같이 산출된다.

$$u_{DUT} = \sqrt{u^2_{DUT,temp} + u^2_{DUT,time-duty} + u^2_{DUT,supply}} \tag{4.86}$$
$$= 0.1279 \text{ dB}$$

### 4.4.4 부정합

부정합 불확도 산출을 위한 기본 데이터는 표 4.17에 주어졌다. 구성 요소 간 부정합 조합을 모두 고려하면 다음과 같은 개별 기여량을 산출할 수 있다.

$$u_{DUT:C1} = \frac{100 \times (0.33) \times (0.05)}{11.5 \sqrt{2}} \tag{4.87}$$
$$= 0.099149 \text{ dB}$$

$$u_{DUT:Att} = \frac{100 \times (0.33) \times (0.01) \times (0.894)^2}{11.5 \sqrt{2}} \tag{4.88}$$
$$= 0.021345 \text{ dB}$$

$$u_{DUT:C2} = \frac{100 \times (0.33) \times (0.12) \times (0.894 \times 0.032)^2}{11.5 \sqrt{2}} \tag{4.89}$$
$$= 0.000202 \text{ dB}$$

$$u_{DUT:SA} = \frac{100 \times (0.33) \times (0.03) \times (0.894 \times 0.032 \times 0.866)^2}{11.5 \sqrt{2}} \tag{4.90}$$
$$= 0.000036 \text{ dB}$$

$$u_{C1:Att} = \frac{100 \times (0.05) \times (0.01)}{11.5 \sqrt{2}} \tag{4.91}$$
$$= 0.004062 \text{ dB}$$

$$u_{C1:C2} = \frac{100 \times (0.05) \times (0.12) \times (0.032)^2}{11.5 \sqrt{2}} \tag{4.92}$$
$$= 0.000039 \text{ dB}$$

$$u_{C1:SA} = \frac{100 \times (0.05) \times (0.03) \times (0.032 \times 0.866)^2}{11.5 \sqrt{2}} \tag{4.93}$$
$$= 0.000007 \text{ dB}$$

$$u_{Att:C2} = \frac{100 \times (0.01) \times (0.12)}{11.5 \sqrt{2}} \tag{4.94}$$
$$= 0.009858 \text{ dB}$$

$$u_{Att:SA} = \frac{100 \times (0.01) \times (0.03) \times (0.866)^2}{11.5 \sqrt{2}} \tag{4.95}$$
$$= 0.001773 \text{ dB}$$

$$u_{C2:SA} = \frac{100 \times (0.12) \times (0.03)}{11.5 \sqrt{2}} \tag{4.96}$$
$$= 0.021320 \text{ dB}$$

이들은 다음과 같이 합성된다.

$$u_{mis} = \sqrt{\sum_{i,j\,(i \neq j)} u_{i:j}} \tag{4.97}$$

여기서 $i, j$ = DUT, 케이블 1(C1), 감쇠기(Att), 케이블 2(C2), 스펙트럼분석기(SA)이며, 산출된 부정합 표준 불확도는 0.0109 dB이다.

$$u_{mis} = 0.0109 \text{ dB}$$

표 4.18에 개별 기여량을 정리하고, 합성된 부정합 표준 불확도를 산출하였다.

**표 4.17** 측정 구성 요소의 반사 및 삽입 손실

| 구성 요소 | 반사 손실 ($|\Gamma|$) $|S_{11}| = |S_{22}|$ | | 삽입 손실 $|S_{21}| = |S_{12}|$ | |
|---|---|---|---|---|
| | dB | linear | dB | linear |
| DUT | $-9.75$ | 0.3255 | | |
| 케이블 1(C1) | $-26.10$ | 0.0495 | $-0.970$ | 0.8943 |
| 감쇠기(Att) | $-37.50$ | 0.0133 | $-29.78$ | 0.0324 |
| 케이블 2(C2) | $-18.40$ | 0.1202 | $-1.250$ | 0.8660 |
| 스펙트럼분석기(SA) | $-30.80$ | 0.0288 | | |

**표 4.18** 측정 구성 요소 간 부정합 및 부정합 표준 불확도

| 식별자 | 부정합 기여 항목 | 표준 불확도(dB) |
|---|---|---|
| $u_{DUT:C1}$ | DUT − 케이블 1 | 0.099149 |
| $u_{DUT:Att}$ | DUT − 감쇠기 | 0.021345 |
| $u_{DUT:C2}$ | DUT − 케이블 2 | 0.000202 |
| $u_{DUT:SA}$ | DUT − 스펙트럼분석기 | 0.000036 |
| $u_{C1:Att}$ | 케이블 1 − 감쇠기 | 0.004062 |
| $u_{C1:C2}$ | 케이블 1 − 케이블 2 | 0.000039 |
| $u_{C1:SA}$ | 케이블 1 − 스펙트럼분석기 | 0.000007 |
| $u_{Att:C2}$ | 감쇠기 − 케이블 2 | 0.009858 |
| $u_{Att:SA}$ | 감쇠기 − 스펙트럼분석기 | 0.001773 |
| $u_{C2:SA}$ | 케이블 − 스펙트럼분석기 | 0.021320 |
| $u_{mis} = \sqrt{\sum_{i,j} u_{i:j}}$ | | 0.0109 |

### 4.4.5 합성표준 불확도 및 확장 불확도

공중선 전력 측정의 합성 불확도는 다음과 같이 계산된다.

$$u_c = \sqrt{u_A^2 + u_{SA}^2 + + u_{DUT}^2 + + u_{mis}^2} \qquad (4.98)$$
$$= 0.41 \text{ dB}$$

신뢰 수준 95.43%에 해당하는 포함 인자 $k = 2$를 적용하여 다음과 같이 확장 불확도를 산출한다.

$$U = 2 \times u_c = 0.82 \text{ dB} \qquad (4.99)$$


## 4.5 밀리미터파 안테나 삽입 손실 측정

그림 4.9는 송수신 안테나 간 삽입 손실[15],[16]을 측정하기 위한 구성이다. 측정에 적용되는 수학 모델은 다음과 같다.

$$P_r = P_t + G_t + G_r - L \qquad (4.100)$$

$P_r$     수신 전력 (dB)

$P_t$     송신 전력 (dB)

$G_t$     송신 안테나 이득 (dB)

$G_r$     수신 안테나 이득 (dB)

$L = (4\pi r/\lambda)^2$     자유공간 전파 손실 (dB)

측정에 사용된 송수신 안테나가 18 – 26.5 GHz 대역에서 동작하는 혼 안테나일 때 측정 불확도를 기여 항목별로 산출해보자.

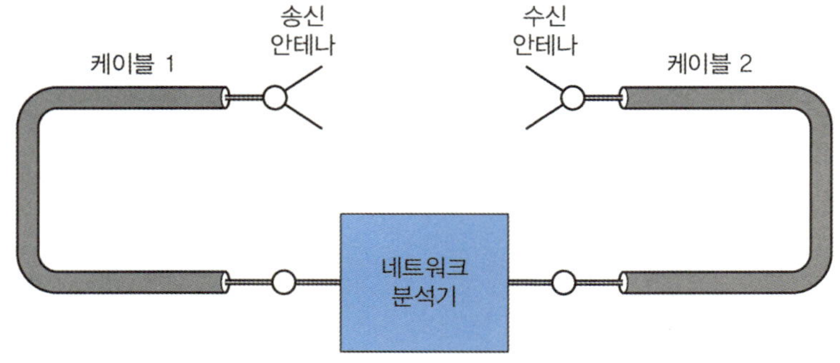


**그림 4.9** 밀리미터파 안테나 삽입 손실 측정

## 4.5.1 A형 불확도

A형 불확도는 우연적 요인에 의한 불확도를 산출하는 절차이다. 그림 4.9와 같이 설치하고 11번 측정하였다. 네트워크분석기로 전송 손실 $S_{21}$을 dB 단위로 측정한 값은 표 4.19에서 볼 수 있다.

**표 4.19** 네트워크분석기 측정값

| 회차 | 감쇠량($S_{21}$) (dB) |
|---|---|
| 1 | $-21.51$ |
| 2 | $-21.48$ |
| 3 | $-21.51$ |
| 4 | $-21.49$ |
| 5 | $-21.51$ |
| 6 | $-21.5$ |
| 7 | $-21.49$ |
| 8 | $-21.45$ |
| 9 | $-21.46$ |
| 10 | $-21.46$ |
| 11 | $-21.48$ |
| 평균 | $-21.48$ |

편의를 위해 표 4.19에서 측정값들을 양으로 바꾸고 계산하면 평균은

$$\bar{x} = \frac{1}{11} \sum_{i=1}^{11} x_i = 21.485 \text{ dB} \tag{4.101}$$

이고, 평균의 실험 표준편차는

$$s = \sqrt{\dfrac{\displaystyle\sum_{i=1}^{11}\left(x_i - 21.485\right)^2}{11 \times 10}} = 0.0065 \ \text{dB} \tag{4.102}$$

이다.

## 4.5.2 네트워크분석기 불확도 기여 항목

### 4.5.2.1 진폭 레벨 정확도

진폭 레벨 정확도($S_{21}$ magnitude accuracy)는 제조사의 데이터시트나 교정 성적서에서 얻을 수 있다. 제조사가 제공한 데이터시트에서 주파수 20 GHz에서의 오차는 ±0.089 dB이다. 확률분포를 다르게 추정할 근거가 없다면 직각분포로 추정하여 다음과 진폭 레벨 정확도의 표준 불확도는 0.0514 dB이다.

$$u_{NA\,:\,mag} = \frac{0.089}{\sqrt{3}} = 0.0514 \ \text{dB} \tag{4.103}$$

### 4.5.2.2 출력 레벨 선형성

출력 레벨 선형성(power level linearity)은 제조사의 데이터시트나 교정 성적서에서 얻을 수 있다. 교정 성적서 데이터는 표 4.20과 같이 주어졌다. 불확도는 0.09 dB이고, 정규분포로 주어졌기 때문에 $k = 2$로 나누면, 표준 불확도는 0.045 dB이다.

$$u_{NA\,:\,lin} = \frac{0.09}{2} = 0.045 \ \text{dB} \tag{4.104}$$

| 출력 레벨 선형성(Power Level Linearity) | | | |
|---|---|---|---|
| 데이터 출처 | 주파수(GHz) | 측정값(dB) | 불확도(dB); $k = 2$ |
| | 10 | $-0.38$ | 0.09 |
| | 20 | $-0.22$ | 0.09 |
| 교정 성적서 | 30 | 0.40 | 0.09 |
| | 40 | 0.03 | 0.09 |
| | 50 | 0.06 | 0.09 |

## 4.5.2.3 주파수 범위 및 정확도

주파수 범위 및 정확도(frequency range and accuracy)는 제조사의 데이터시트나 교정 성적서에서 불확도를 얻을 수 있다. 교정 성적서 데이터는 표 4.21과 같이 보고했다. 20 GHz에서 불확도는 1.2 kHz이므로 다음 식을 통해 전력 측정의 불확도 오차를 구한다.

$$20 \times \log_{10} \frac{f_1}{f_2} \tag{4.105}$$

여기서 $f_1$은 측정주파수, $f_2$는 측정주파수(20 GHz)와 불확도(1.2 kHz)를 합한 값이다. 이를 직각분포로 추정하여 $\sqrt{3}$ 으로 나누면, 거의 0에 가까워 무시한다.

$$u_{NA:freqrange} = 0 \text{ dB} \tag{4.106}$$

표 4.21 네트워크분석기 주파수 범위 및 정확도

| 주파수 정확도(frequency range and accuracy) | | |
|---|---|---|
| 데이터 출처 | 주파수(GHz) | 불확도(kHz) |
| | 10 | 0.58 |
| 교정 성적서 | 20 | 1.20 |
| | 30 | 1.70 |
| | 40 | 2.30 |

## 4.5.2.4 동적 정확도($S_{21}$ dynamic accuracy)

네트워크분석기 $S_{21}$의 동적 정확도는 제조사의 데이터시트나 교정 성적서에서 얻을 수 있다. 제조사 데이터시트로부터 20 GHz에서 시험 포트 전력(Test port power)이 0 dBm일 때 약 0.1 dB로 보고되었다. 이를 직각분포로 추정하여 $\sqrt{3}$ 으로 나누면, 표준 불확도는 0.058 dB이다.

$$u_{NA:dynamic} = 0.058 \text{ dB} \tag{4.107}$$

## 4.5.3 부정합

부정합 불확도 계산을 위한 기본 데이터는 표 4.22에 주어졌다.

표 **4.22** 측정 구성 요소의 반사 손실 및 삽입 손실

| 측정에 사용되는 장비의 반사 손실 및 삽입 손실 | | | | |
|---|---|---|---|---|
| 구성 요소 | 반사 손실 $(\lvert\varGamma\rvert)\lvert S_{11}\rvert = \lvert S_{22}\rvert$ | | 삽입 손실 $\lvert S_{21}\rvert = \lvert S_{12}\rvert$ | |
| | dB | linear | dB | linear |
| 송신 케이블 | $-27.06$ | 0.0444 | $-8.51$ | 0.141 |
| 수신 케이블 | $-24.66$ | 0.058 | $-8.46$ | 0.143 |
| 송신 안테나 | $-14.08$ | 0.198 | | |
| 수신 안테나 | $-15.36$ | 0.171 | | |
| 네트워크분석기 포트 1 | $-24.56$ | 0.059 | | |
| 네트워크분석기 포트 2 | $-21.01$ | 0.089 | | |

$$u_{P1:C1} = \frac{100 \times (0.06) \times (0.04)}{11.5\sqrt{2}} \tag{4.108}$$

$$= 0.010134 \text{ dB}$$

$$u_{P1:TxA} = \frac{100 \times (0.06) \times (0.20) \times (0.375)^2}{11.5\sqrt{2}} \tag{4.109}$$

$$= 0.010134 \text{ dB}$$

$$u_{C1:TxA} = \frac{100 \times (0.04) \times (0.20)}{11.5\sqrt{2}} \tag{4.110}$$

$$= 0.053925 \text{ dB}$$

$$u_{RxA:C2} = \frac{100 \times (0.17) \times (0.06)}{11.5\sqrt{2}} \tag{4.111}$$

$$= 0.061346 \text{ dB}$$

$$u_{RxA\,:\,P2} = \frac{100 \times (0.17) \times (0.09) \times (0.378)^2}{11.5\,\sqrt{2}} \tag{4.112}$$

$$= 0.061346 \text{ dB}$$

$$u_{C2\,:\,P2} = \frac{100 \times (0.06) \times (0.09)}{11.5\,\sqrt{2}} \tag{4.113}$$

$$= 0.032010 \text{ dB}$$

## 4.5.4 케이블

### 4.5.4.1 진폭 안정도

케이블 진폭 안정도(amplitude stability)는 케이블 제조사의 데이터시트로부터 표 4.23과 같이 주어졌다. 최대 0.15 dB일 때 직각분포로 추정하여 $\sqrt{3}$ 으로 나누면, 표준 불확도는 0.087 dB이다.

$$u_{C1\,:\,sta} = u_{C1\,:\,sta} = 0.087 \text{ dB} \tag{4.114}$$

**표 4.23** 케이블 진폭 안정도

| 진폭 안정도(amplitude stability) | | |
| --- | --- | --- |
| 데이터 출처 | 진폭 안정도(dB) | 표준 불확도(dB) |
| 데이터시트 | ±0.15 | 0.087 |

## 4.5.5 안테나 거치

### 4.5.5.1 안테나 거치(상하)

안테나 거치 상태를 그림 4.10과 같이 기준선에서 상하로 약 1 mm 단위로 변화시켜가며 삽입 손실 값의 변화를 측정하였고, 이를 표 4.24에 정리하였다. 안테나를 측정할 때 최대 틀어진 상태는 약 0.5 mm를 넘지 않는다고 가정하고, 1 mm 틀어졌을 때의 불확도 오차(정확히 정렬된 상태와 틀어진 상태에서의 측정값의 차이)를 2로 나누어 0.5 mm에서의 불확도 오차를 구했다. 이때 최종 불확도 오차는 0.135 dB이고, 이를 직각분포로 추정하여 $\sqrt{3}$ 으로 나누면, 표준 불확도는 0.078 dB이다.

$$u_{Ant\,:\,ud} = 0.078 \text{ dB} \tag{4.115}$$

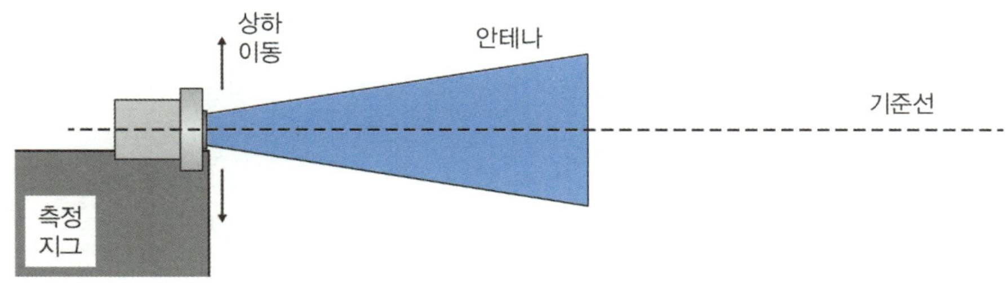

**그림 4.10** 안테나 거치(상하) 변화

안테나 거치 상태를 그림 4.11과 같이 기준선에서 좌우로 약 1 mm 단위로 변화시켜가며 삽입 손실 값의 변화를 측정하였고, 이를 표 4.25에 정리하였다. 안테나를 측정할 때 최대 틀어진 상태는 약 0.5 mm를 넘지 않는다고 가정하였다. 1 mm 틀어졌을 때의 불확도 오차(정확히 정렬된 상태와 틀어진 상태에서의 측정값의 차이)를 2로 나누어 0.5 mm 에서의 불확도 오차를 구했다. 이때 최종 불확도 오차는 0.335 dB이고, 이를 직각분포로 추정하여 $\sqrt{3}$ 으로 나누면, 표준 불확도는 0.193 dB이다.

$$u_{Ant\,:\,lr} = 0.193 \text{ dB} \tag{4.116}$$

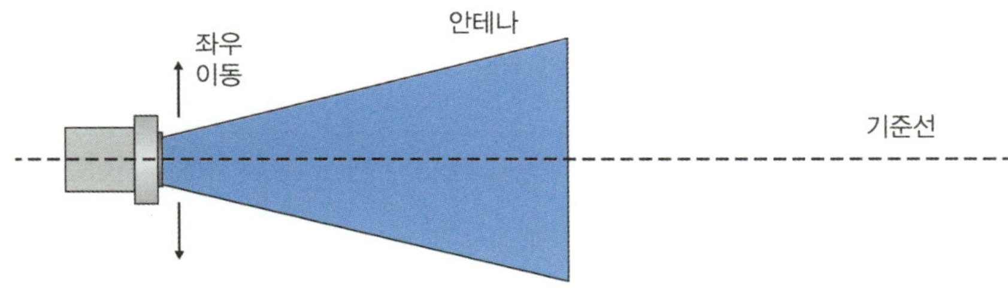

**그림 4.11** 안테나 거치(좌우) 변화

**표 4.24** 안테나 위치(상하) 틀어짐에 따른 측정값

| 송수신 안테나 위치(상하) 틀어짐 정도(mm) | 측정값(dB) | 정렬된 상태와 차이(dB) |
|:---:|:---:|:---:|
| 3 | $-24.25$ | 0.04 |
| 2 | $-24.22$ | 0.07 |
| 1 | $-24.03$ | 0.27 |
| 0 | $-24.30$ | 0 |
| $-1$ | $-24.37$ | 0.07 |
| $-2$ | $-24.28$ | 0.02 |
| $-3$ | $-24.36$ | 0.07 |

표 4.25 안테나 위치(좌우) 틀어짐에 따른 측정값

| 송수신 안테나 위치(좌우) 틀어짐 정도(mm) | 측정값(dB) | 정렬된 상태와 차이(dB) |
|---|---|---|
| 3 | $-23.86$ | 0.44 |
| 2 | $-24.00$ | 0.30 |
| 1 | $-23.85$ | 0.44 |
| 0 | $-24.30$ | 0 |
| $-1$ | $-23.62$ | 0.67 |
| $-2$ | $-23.59$ | 0.70 |
| $-3$ | $-23.52$ | 0.78 |

안테나 거치를 정렬 상태에서 좌우로 1 도 단위로 변화시켜가며 삽입 손실 값의 변화를 측정하였다. 안테나를 측정할 때 최대 틀어진 상태는 약 0.5도를 넘지 않는다고 가정하였고, 1도 틀어졌을 때 정확히 정렬된 상태와 측정값의 차이를 2로 나누어 0.5도 틀어졌을 때의 오차 범위를 구했다. 오차 범위는 0.065 dB였고 이를 직각분포로 추정하여 $\sqrt{3}$ 로 나누면, 표준 불확도는 0.038 dB이다.

$$u_{Ant:align} = 0.038 \text{ dB} \tag{4.117}$$

표 4.26 안테나 정렬 틀어짐에 따른 측정값

| 송수신 안테나 정렬 틀어짐 정도(도) | 측정값(dB) | 정렬된 상태와 차이(dB) |
|---|---|---|
| 3 | $-23.98$ | 0.37 |
| 2 | $-24.09$ | 0.27 |
| 1 | $-24.23$ | 0.13 |
| 0 | $-24.36$ | 0 |
| $-1$ | $-24.27$ | 0.09 |
| $-2$ | $-24.31$ | 0.05 |
| $-3$ | $-24.41$ | 0.05 |

## 4.5.6 환경 요인 기여 항목

### 4.5.6.1 반사파

반사파에 의한 불확도를 산출하기 위해 반사파 영향이 최대가 될 수 있도록 수신 안테나를 180도 반전하여 벽으로부터 반사되는 반사파를 측정하고 안테나를 45도(상하좌우)로 기울여 삽입 손실값을 측정하여 표 4.27에 정리하였다.

**표 4.27** 반사파 측정

| 송수신 안테나 각도 변화 | | 측정값(dB) | 선형 변환 값 |
|---|---|---|---|
| 좌우 | +45 | − 53.26 | 0.000005 |
| | 0 | − 24.23 | 0.003779 |
| | − 45 | − 51.89 | 0.000006 |
| 상하 | +45 | − 44.33 | 0.000037 |
| | 0 | − 24.23 | 0.003779 |
| | − 45 | − 43.93 | 0.000040 |
| 반전 | 180 | − 43.98 | 0.000040 |

측정값을 선형 변환하여 반사파의 영향으로 인한 불확도는 다음의 식을 이용하여 구했다.

$$10 \times \log\left(\frac{P - P'}{P}\right) \tag{4.118}$$

$P$ : 정렬 상태(0도)에서의 측정값을 선형 변환한 값

$P'$ : 안테나 각도를 기울여 임의로 반사파를 형성했을 때 측정값의 선형 변환한 값

위 식을 통해 반사파로 인한 최대 불확도 오차를 계산하고 표준 불확도를 산출하면 아래와 같다.

$$u_{site:refl} = 0.046 \text{ dB} \tag{4.119}$$

**표 4.28** 반사파 측정에 따른 불확도 산출

| 송수신 안테나 각도 | | 불확도 오차(dB) | 표준 불확도(dB) |
|---|---|---|---|
| 좌우 | +45도 | 0.005 | 0.003 |
| | − 45도 | 0.007 | 0.004 |
| 상하 | +45도 | 0.043 | 0.025 |
| | − 45도 | 0.047 | 0.027 |
| 반전 | 180도 | 0.046 | 0.027 |
| 합성표준 불확도 | | | 0.046 |

### 4.5.6.2 안테나의 위상중심 거리

안테나의 위상중심 거리에 의한 이득 불확도는, 실제 안테나의 길이 중 전파가 방사되는 시점의 불확도를 의미하며, 다음과 같은 식으로 구할 수 있다.

$$20 \times \log \frac{d_1}{d_2} \tag{4.120}$$

$d_1$: 송수신 안테나 사이의 거리

$d_2$: 송수신 안테나 사이의 거리 + (안테나 전체 길이 ÷ 2)

20 GHz 안테나의 전체 길이는 약 9 cm로 위 식을 통해 계산하면 불확도 오차는 약 0.382 dB이다. 직각분포로 추정하여 $\sqrt{3}$ 으로 나누면 표준 불확도는 0.221 dB가 된다.

$$u_{phasedist} = 0.221 \ \mathrm{dB} \tag{4.121}$$

## 4.5.7 합성표준 불확도 및 확장 불확도

표 4.29에 개별 기여 항목에 대한 표준 불확도를 정리하고 신뢰 수준 95%의 확장 불확도를 산출하였다.

**표 4.29** 불확도 총괄표(계속)

| 불확도 기여 항목 | | 값<br>dB | 확률분포 | 나눔<br>인자 | 표준<br>불확도<br>dB |
|---|---|---|---|---|---|
| A형 불확도 | | 0.007 | 정규분포 | 1 | 0.007 |
| 계측기<br>불확도<br>(네트워크<br>분석기) | 진폭 레벨 정확도 | 0.089 | 직각분포 | $\sqrt{3}$ | 0.051 |
| | 출력 레벨 선형성 | 0.090 | 정규분포 | 2 | 0.045 |
| | 주파수 범위 및 정확도 | 0.000 | 직각분포 | $\sqrt{3}$ | 0.000 |
| | 동적 정확도 | 0.100 | 직각분포 | $\sqrt{3}$ | 0.058 |
| 케이블<br>불확도 | 케이블 1 진폭 안정도 | 0.150 | 직각분포 | $\sqrt{3}$ | 0.087 |
| | 케이블 2 진폭 안정도 | 0.150 | 직각분포 | $\sqrt{3}$ | 0.087 |

| 불확도 기여 항목 | | 값 | 확률분포 | 나눔 인자 | 표준 불확도 |
|---|---|---|---|---|---|
| | | dB | | | dB |
| 부정합 불확도 | 네트워크분석기 – 케이블 1 부정합 | 0.023 | U형분포 | $\sqrt{2}$ | 0.016 |
| | 케이블 1 – 송신 안테나 부정합 | 0.076 | U형분포 | $\sqrt{2}$ | 0.054 |
| | 네트워크분석기 – 송신 안테나 부정합 | 0.014 | U형분포 | $\sqrt{2}$ | 0.010 |
| | 수신 안테나 – 케이블 2 부정합 | 0.087 | U형분포 | $\sqrt{2}$ | 0.061 |
| | 케이블 2 – 네트워크분석기 부정합 | 0.045 | U형분포 | $\sqrt{2}$ | 0.032 |
| | 수신 안테나 – 네트워크분석기 부정합 | 0.019 | U형분포 | $\sqrt{2}$ | 0.013 |
| 거치, 환경에 의한 불확도 | 안테나 거치(상하) | 0.135 | 직각분포 | $\sqrt{3}$ | 0.078 |
| | 안테나 거치(좌우) | 0.335 | 직각분포 | $\sqrt{3}$ | 0.193 |
| | 안테나 정렬 | 0.065 | 직각분포 | $\sqrt{3}$ | 0.038 |
| | 위상중심 거리 | 0.382 | 직각분포 | $\sqrt{3}$ | 0.221 |
| | 반사파 영향 | 0.080 | 직각분포 | $\sqrt{3}$ | 0.046 |
| 합성표준 불확도(Combined standard uncertainty, $u_c$) | | | | | 0.127 |
| 확장 불확도(Expanded uncertainty, $U(k=2)$) | | | | | 0.254 |

## 4.6 5G 무선통신기기의 방사성 측정(OTA) 측정 불확도 산출[17] 사례

현대 사회는 무선 통신 기술의 비약적인 발전으로 빠르게 변화하고 있다. 특히, 5G 기술의 상용화는 초고속, 초저지연, 초연결을 가능하게 하여 다양한 산업과 일상생활에서 혁신을 일으키고 있다. 5G는 자율주행차, 스마트시티, 원격의료, 증강현실 등 여러 분야에서 새로운 기회를 창출하며, 기존 통신 방식의 한계를 뛰어넘는 성능을 제공하고 있다. 5G의 성공적인 도입과 확산에 따라, 국제전기통신연합(ITU)을 비롯한 주요 국제 표준화 기구들은 차세대 통신 기술인 6G의 개발에 착수하였다. 6G는 2030년경 상용화를 목표로 하여, 초고속 통신, 인공지능(AI) 및 머신러닝(ML) 기술을 통합한 지능형 네트워크, 그리고 인간과 사물 간의 초연결을 실현할 것으로 예상한다. 이러한 기술적 진보는 산업과 사회 전반에 걸쳐 새로운 패러다임을 제시할 것이다.

5G는 국내 기준으로 3.40～3.70 GHz FR1 대역, 26.5～28.9 GHz FR2 대역 등 기존 이동통신 대비 높은 주파수 대역에서 운용된다. 2023년 11월에 열린 세계전파통신회의(WRC-23)에서는 6G 주파수 대역으로 3.7 GHz 4.4～4.8 GHz, 7.125～8.4 GHz, 14.8～15.35 GHz 등이 채택되어 이들 대역의 무선 통신 성능 측정이 필수적이다. 이동통신 대역이 높아짐에 따라 기존의 전도성 측정보다는 전파를 공간에서 측정(OTA: Over-the-Air)하는 방사성 측정이 현실적인 측정 방안으로 받아

들여진다. 3GPP(3rd Generation Partnership Project)는 이러한 변화에 대응하여, OTA(Over-the-Air) RF 측정 방법과 그에 따른 측정 불확도를 정의하고 표준화하는 작업을 지속적으로 수행하고 있다.

따라서, 5G 및 6G 시대의 도래와 함께 OTA RF 측정의 중요성은 더욱 커지고 있으며, 이에 따른 측정 불확도 산출은 필수적인 과제가 되었다. 여기서는 3세대 이동통신 국제 단체 공동 연구 프로젝트(3GPP TR 38.810 V16.6.1 (2020-09) NR; Study on test methods) 문서에 따른 5G FR2 대역의 OTA 측정 불확도 산출 사례를 소개한다. 3GPP에서는 OTA 측정 방법으로 원거리 장 직접 측정(DFF: Direct Far Field), 원거리 장 간접 측정(IFF: Indirect Far Field), 근거리 및 원거리 장 변환(NFTF: Near-Field To Far-field transform) 방법을 다루고 있다. DFF 방법은 일반적인 자유공간 챔버 내에서의 측정 방법이고, IFF 방법은 안테나 시험 콤팩트 영역(CATR: Compact Antenna Test Range) 챔버에서 측정하는 방법이며, 그리고 NFTF는 측정 프로브를 가상의 구면을 따라 측정하는 근거리 장 측정 방법이다. 여기서는 대표적으로 DFF의 OTA 측정 시 측정 불확도 산출 내역을 소개한다.

측정 불확도는 5가지 항목으로 제시된다.

(1) 측정 불확도 요인
(2) 측정 불확도
(3) 확률분포
(4) 나눔값
(5) 표준편차로 나타낸 측정 불확도

여기서 (2)번 측정 불확도, (3)번 확률분포, (4)번 나눔값은 서로 연결된 개념이다. (3)번 확률분포는 정규분포, 직각분포, U자형 분포 등을 의미한다. (2)번 측정 불확도는 분포마다 다른 숫자인데, 정규분포인 경우 95% 신뢰 수준의 편차 ($k = 2$), 직각분포와 U자형 분포는 최대−최소 폭의 절반이 주어진다. 나눔값은 이들을 표준편차로 나타내기 위해 나눠야 할 값, 즉 정규분포의 경우 2, 직각분포의 경우 $\sqrt{3} \simeq 1.73$, U자형 분포의 경우 $\sqrt{2} \simeq 1.41$ 이다.

## 4.6.1 원역장 직접 측정 방법(DFF)의 측정 불확도

측정은 두 단계에 걸쳐 이루어지며, 1단계는 교정용 또는 캘리브레이션 안테나를 이용한 절대 레벨 측정이다. 2단계는 시험 대상 기기(DUT: Device Under Test)의 실제 성능을 측정한다. 방사체(radiator)의 크기가 5cm라고 가정할 때 등가등방복사전력(EIRP: Euivalent Isotropically Radiated Power) 측정에 대한 불확도 요인별 불확도산출 사례이다.

### 4.6.1.1 1단계: 교정 실시

① 부정합

구성 요소들로 부정합에 의한 불확도 산출 절차를 이용하여 불확도를 산출한다. 여기서는 계통적인 오차 외에 추가적인 부정합은 없는 것으로 본다.

$$u_1 = 0 \ \text{dB} \tag{4.122}$$

② 기준 안테나 정렬

기준 안테나 정렬 및 기준 안테나의 겨냥(pointing) 오류에 기인한다. 기준 안테나와 수신 안테나의 최대 이득 방향이 서로 정렬되어 있다면, 기여량은 0으로 설정할 수 있다. 여기서는 0.29 dB 불확도와 직각분포를 가정한다.

$$u_2 = \frac{0.29}{1.73} = 0.17 \ \text{dB} \tag{4.123}$$

③ 전파 청정 구역(quiet zone) 품질

측정 영역에 전파가 없는 구역(quiet zone)의 품질은 챔버 내의 포지셔너와 지지 구조물로부터의 반사효과를 포함한 챔버의 성능을 나타낸다. 여기서 1.5 dB 불확도를 가정한다.

$$u_3 = 1.5 \ \text{dB} \tag{4.124}$$

④ 증폭기

외장 증폭기를 사용할 경우 출력 레벨 안정성, 선형성, 잡음지수, 부정합, 이득에 의한 불확도를 고려해야 한다. 여기서는 해당 불확도 기여량을 0 dB로 간주한다.

$$u_4 = 0 \ \text{dB} \tag{4.125}$$

⑤ 네트워크분석기

네트워크분석기 신호의 표류(drift) 및 주파수 평탄도를 포함한 불확도이다. 제조업체의 데이터시트를 참조하여 포함 인자가 $k = 2$인 불확도 0.4 dB를 사용한다.

$$u_5 = \frac{0.4}{2} = 0.2 \text{ dB} \tag{4.126}$$

⑥ 기준 안테나 급전케이블 손실

측정 시스템의 교정을 수행하기 전 기준 안테나 급전케이블의 손실을 측정해야 한다. 네트워크분석기를 사용하여 S21을 측정함으로써 수행하며, 이 과정에서 불확도 기여량이 발생한다. 여기서는 0.29 dB 직각분포를 가정한다.

$$u_6 = \frac{0.29}{1.73} = 0.17 \text{ dB} \tag{4.127}$$

⑦ 교정용 안테나 절대 이득

교정용 안테나는 본 시험 전 교정 단계에서 사용된다. 따라서 이득 불확도를 고려해야 한다. 이 불확도는 교정 성적서 값을 참조한다.

$$u_7 = \frac{1.6}{2} = 0.8 \text{ dB} \tag{4.128}$$

⑧ 기준 안테나와 수신 안테나 위치 및 정렬

기준 안테나와 수신 안테나 간의 정렬과 기준 안테나가 수신 안테나를 겨냥(pointing)할 때 오차에 기인한다.

$$u_8 = \frac{0.35}{1.73} = 0.2 \text{ dB} \tag{4.129}$$

⑨ 교정용 안테나 위상중심 편이

안테나 이득은 안테나의 위상중심에서 정의된다. 교정 단계에서 교정용 안테나의 위상중심이 측정 거리의 기준점에 정렬되지 않으면, 측정 거리와 관련된 불확도가 발생한다. 혼 안테나의 위상중심은 주파수에 따라 안테나 테이퍼 길이를 따라 이동하므로, 교정 단계에서 모든 주파수의 위상중심을 측정 거리의 기준점에 정렬시킬 수 없다. 불확도는 다음과 같이 추정한다.

$$\pm 20 \log_{10}\left(\frac{d_m - d_p}{d_m}\right) \tag{4.130}$$

여기서 $d_m$ 은 측정 거리, $d_p$ 는 최대 위상중심 편이이다. 혼 안테나의 경우, 테이퍼 길이의 0.5와 같다. 이 불확도는 직사각형 분포를 가지는 것으로 간주한다. 예를 들어, 테이퍼 길이가 50 mm, 43.5 GHz에서 측정 거리가 72.55 cm인 혼의 경우 불확도 기여량은 0.62 dB이며, 직사각형 분포이므로 표준 불확도는 0.358 dB이다.

$$u_9 = \frac{0.62}{1.73} = 0.36 \text{ dB} \tag{4.131}$$

### 4.6.1.2 2단계: DUT 측정

⑩ 위치 정렬

불완전한 회전 작동으로 인해 테스트 방향과 수신 안테나의 빔 피크 방향이 일치하지 않는 경우에서 기인한다. 정렬 불일치는 방위각 및 고각 방향 모두에서 발생할 수 있으며, 불일치의 영향은 빔 폭에 크게 좌우된다. 동일한 수준으로 불일치되었다면 빔 폭이 좁을수록 더 큰 측정 오차를 초래한다. 0.5 dB 불확도와 직각분포를 가정한다.

$$u_{10} = \frac{0.5}{1.73} = 0.29 \text{ dB} \tag{4.132}$$

⑪ 측정 거리

측정 안테나와 측정 대상 기기(DUT) 사이의 거리가 유한함에 기인한다. 방사체의 크기($D$)를 기준으로 분리 거리가 $2D^2/\lambda$인 경우, 위상 변화는 22.5도이다. 이 값이 측정 대상 기기의 최소 허용 기준으로 받아들일 수 있을지는 추가 연구가 필요하다. 측정 거리의 감소는 위상 변화를 증가시키고 측정 대상 기기에 의존하는 오류를 발생시킨다. 여기서는 1 dB 불확도와 직각분포를 가정한다.

$$u_{11} = \frac{1.00}{1.73} = 0.58 \ \text{dB} \tag{4.133}$$

⑫ 전파 청정 구역(quiet zone) 품질

측정 영역에 전파가 없는 구역(quiet zone) 품질은 챔버 내의 포지셔너와 지지 구조물로부터의 반사효과를 포함한 챔버의 품질을 나타낸다. 여기서는 1.5 dB 불확도를 가정한다.

$$u_{12} = 1.5 \ \text{dB} \tag{4.134}$$

⑬ 부정합

측정에 사용되는 구성 요소들로 시스템 시뮬레이터, 1.5 m 케이블, 0.17 m 케이블, 2.0 m 케이블, feedthrough, SPDT 스위치, SP6T 스위치, 전송 스위치, 안테나 등을 고려하였으며, 부정합에 의한 불확도 산출 절차를 이용하여 불확도를 산출하였다.

$$u_{13} = 1.3 \ \text{dB} \tag{4.135}$$

⑭ 측정 안테나의 절대 이득

캘리브레이션 안테나와 측정 안테나의 이득 차이에 기인한다. 캘리브레이션 안테나를 측정 안테나로 사용할 경우 불확도 기여량은 0이다.

$$u_{14} = 0 \ \text{dB} \tag{4.136}$$

⑮ RF 전력 측정 기기

스펙트럼분석기, 통신분석기, 전력측정기 등이 수신기로 사용될 수 있으며, EIRP 측정에서 수신 신호 레벨을 절대 레벨로 측정한다. 이러한 측정기기의 불확도 값은 제조업체의 데이터시트를 참조할 수 있다. 데이터시트를 참조하여 포함 인자가 $k = 2$인 불확도 2.16 dB를 사용한다.

$$u_{15} = \frac{2.16}{2} = 1.08 \text{ dB} \tag{4.137}$$

⑯ 위상 곡률

원역장 측정 시 실제 측정 거리가 유한함에 기인하며, DUT와 기준 안테나 모두에 위상 곡률을 유발한다. 측정 거리가 $2\,D^2/\lambda$ 일 때 위상 곡률은 22.5도이다. 여기서는 고려하지 않았다.

$$u_{16} = 0 \text{ dB} \tag{4.138}$$

⑰ 증폭기

외장 증폭기를 사용할 경우 출력 레벨 안정성, 선형성, 잡음지수, 부정합, 이득에 의한 불확도를 고려해야 한다.

- **출력 레벨 안정성:** 증폭기가 측정과 교정 과정 모두에 사용되더라도 출력 레벨 안정성 불확도는 고려해야 한다. 출력 레벨 안정성 불확도는 측정을 통해 산출하거나 제조업체의 데이터시트를 참조할 수 있다.
- **선형성:** 증폭기가 측정과 교정 과정 모두에 사용되더라도 대부분 측정과 교정 과정에서 다른 입력 및 출력 레벨을 사용하므로, 선형성 불확도를 고려해야 한다. 선형성 불확도는 측정을 통해 산출하거나 제조업체의 데이터시트를 참조할 수 있다.
- **잡음지수(noise figure):** 증폭기 사용 시 입력단의 신호대잡음비(SNR: Signal to Noise Ratio)에 비해 출력 단의 신호대잡음비가 감소한다. 감소된 신호대잡음비는 EVM(error vector magnitue)에 영향을 미친다. 잡음지수에 따른 불확도는 다음과 같이 계산한다.

$$\epsilon_{EVM} = 20 \log_{10}\left(1 + 10^{-\frac{SNR}{20}}\right) \tag{4.139}$$

여기서 $SNR$은 감도 측정에 사용된 신호 레벨에서의 신호대잡음비(dB)이다.
- **부정합:** 외장 증폭기가 측정 및 교정 두 단계에서 모두 사용되는 경우, 부정합 불확도는 계통적인 것으로 보고 기여량을 0으로 간주할 수 있다. 측정 또는 교정 중 한 과정에만 사용된 경우, 부정합 불확도를 산출하여야 한다.

- **이득:** 외장 증폭기가 측정 및 교정 두 단계에서 모두 사용되는 경우, 이와 관련된 불확도는 계통적인 것으로 보고, 기여량은 0으로 간주할 수 있다. 측정 또는 교정 중 한 과정에서만 사용된 경우, 관련 불확도를 산출하여야 한다.

여기서는 포함 인자가 $k = 2$인 불확도 2.0 dB를 사용한다.

$$u_{17} = \frac{2.0}{2} = 1.00 \text{ dB} \tag{4.140}$$

⑱ 우연 요인

측정과 관련된 모든 알려지지 않은, 정량화할 수 없는 불확도 요인을 포함한다. 우연적 요인에 따른 불확도는 현실적으로 정확히 측정할 수도 없고, 세부적인 요인들을 완전히 분리할 수도 없다. 따라서 과거에 사용된 값을 경험적인 근거로 간주하여 사용할 수 있다. LTE(long-term evolution) SISO(single-input single ouput) OTA 측정에서는 약 0.2 dB의 유연적 불확도 기여량을 간주하였다. 5G FR2 시스템에서는 주파수가 더 높고, 시스템이 복잡하므로 보다 높은 0.4 dB를 가정한다.

$$u_{18} = \frac{0.4}{1.73} = 0.23 \text{ dB} \tag{4.141}$$

⑲ 교차 편파 식별도(XPD) 영향

프로브의 교차 편파 차(XPD: Cross Polarization Discrimination)에 의한 불확도는 식 (3.65)에 따라 계산할 수 있다. 여기서는 0.48 dB로 산출되었다.

$$u_{19} = 0.48 \text{ dB} \tag{4.142}$$

## 4.6.1.3 합성표준 불확도 및 확장 불확도

합성표준 불확도는 다음과 같이 계산된다.

$$u_c = \sqrt{\sum_{i=1}^{19} u_i^2} \tag{4.143}$$

신뢰 수준 95%에 해당하는 범위를 위해 포함 인자 $k = 1.96$를 사용하면 확장 불확도는 다음과 같다.

$$U = 1.96 \times u_c = 6.20 \text{ dB} \tag{4.144}$$

## 4.6.2 원역장 간접 측정 방법(IFF)의 측정 불확도

3GPP TR 38.810 문서에서는 다음과 같은 측정 불확도 요인을 고려하였다.

### 4.6.2.1 1단계: 교정 실시

① 수신부 부정합
② 포지셔닝 시스템의 정렬 오차
③ 전파 청정 구역(quiet zone) 품질
④ 증폭기
⑤ 네트워크분석기
⑥ 수신부 삽입 손실
⑦ 캘리브레이션 안테나 결합 부정합
⑧ 캘리브레이션 안테나 절대 이득
⑨ 캘리브레이션 안테나 급전 케이블 영향
⑩ RF 누설전력(측정 안테나 – 수신기 간)
⑪ 레퍼런스 안테나와 수신기 안테나 간 위치 및 각도 오차
⑫ 레퍼런스 캘리브레이션 안테나와 측정 안테나 간 스탠딩 웨이브

### 4.6.2.2 2단계: DUT 측정

① 포지셔닝 오차
② 전파 청정 구역 품질

③ DUT와 측정 안테나 간 스탠딩 웨이브

④ 부정합

⑤ 수신부 삽입 손실

⑥ RF 누설전력 (측정 안테나 – 수신기 간)

⑦ RF 전력측정기

⑧ 증폭기

⑨ 우연 요인

⑩ 교차 편파 식별도(XPD) 영향

## 4.6.2.3 합성표준 불확도 및 확장 불확도

3GPP TR 38.810 문서에서는 EIRP의 경우 95% 신뢰 수준에서 5.99 dB, TRP의 경우 5.13 dB의
확정 불확도를 보고하고 있다.

# 참고문헌


[1]  ETSI TR 100 028-1 V1.4.1 (2001-12) Electromagnetic compatibility and Radio spectrum Matters (ERM); Uncertainties in the measurement of mobile radio equipment characteristics; Part 1

[2]  Guide to the Expression of Uncertainty in measurement. ISO/IEC GUIDE EXPRES :1995

[3]  ETSI TR 100 028-2 V1.4.1 (2001-12) Electromagnetic compatibility and Radio spectrum Matters (ERM); Uncertainties in the measurement of mobile radio equipment characteristics; Part 2

[4]  ETSI TR 102 273-1-1 V1.2.1 (2001-12) Electromagnetic compatibility and Radio spectrum Matters (ERM); Improvement on Radiated Methods of Measurement (using test site) and evaluation of the corresponding measurement uncertainties; Part 1: Uncertainties in the measurement of mobile radio equipment characteristics; Sub-part 1: Introduction

[5]  ETSI TR 102 273-1-2 V1.2.1 (2001-12) Electromagnetic compatibility and Radio spectrum Matters (ERM); Improvement on Radiated Methods of Measurement (using test site) and evaluation of the corresponding measurement uncertainties; Part 1: Uncertainties in the measurement of mobile radio equipment characteristics; Sub-part 2: Examples and annexes

[6]  ETSI TR 102 273-2 V1.2.1 (2001-12) Electromagnetic compatibility and Radio spectrum Matters (ERM); Improvement on Radiated Methods of Measurement (using test site) and evaluation of the corresponding measurement uncertainties; Part 2: Anechoic chamber

[7]  이용구,『통계학원론』, 2000. 7.25, 제3판, 현암출판

[8]  Expression of the Uncertainty of Measurement in Calibration, European Cooperation for Accreditation of Laboratories, EAL-R2, April 1997; and Supplement 1 to EAL-R2, EAL-R2-S1, November 1997

[9]  C. F. Dietrich, 'Uncertainty, Calibration and Probability', Adam Hilger, 1991

[10]  Agilent Technologies, "Agilent PNA Microwave Network Analyzer", 5988-7988(EN)

[11]  CISPR 16-1-4 Specification for radio disturbance and Immunity measuring apparatus and methods; Part 1-4:Radio disturbance and immunity measuring apparatus-Ancillary equipment-Radiated disturbance, 2004. 05

[12]  CISPR 16-4-2 Specification for radio disturbance and Immunity measuring apparatus and methods; Part 4-2:Uncertainties, statistics and limit modelling Uncertainty in EMC measurements, 2003. 11

[13]  강태원,『EMC 측정 불확도: 일반』, EMC 기술지원센터 Newsletter September 2005, 통권 제4호

[14]  박정규,『EMC 측정 불확도: 복사성 방출(Radiated Emission)의 측정 불확도』, EMC 기술지원센터 Newsletter December 2005, 통권 제5호

[15]  Jungkuy Park, et al, "height Scanning averaging method for free-space antenna factors of EMI antenna", pp.

605-608, ISAP2005, August, 2005

[16] 박정규, 정동찬, 차기남, 고홍남, "30 MHz에서 1 GHz 대역 EMI용 안테나의 준자유공간 안테나 팩터 산출에 관한 연구", pp. 205-210, 한국전자파학회 2004년도 종합학술발표회, 2004년 11월

[17] 3GPP TR 38.810 V16.6.1 (2020-09) NR; Study on test methods

[18] KRISS/SP-2020-011 『국제단위계(제9판) The International System of Units』, 한국표준과학연구원, 2020년 7월 7일

부록

# 전파 측정의 단위 이해

## I.1 전파에 적용되는 SI 단위계

전파는 전기장과 자기장이 상호작용을 하며 빛의 속도로 자유공간을 진행하는 에너지이다. 포인팅 벡터는 전기장($\vec{E}$)와 자기장($\vec{H}$)의 벡터 곱 $\vec{P} = \vec{E} \times \vec{H}$로 정의되며 단위면적당 공간을 통과하는 전자파의 전력이다. 크기는 $|\vec{P}| = |\vec{E} \times \vec{H}| = EH$이다.

$$W = S\,|\vec{P}| = S(EH) = S\frac{E^2}{\eta_0} = S\,\eta_0 H^2 \qquad\qquad (\text{I}.1)$$

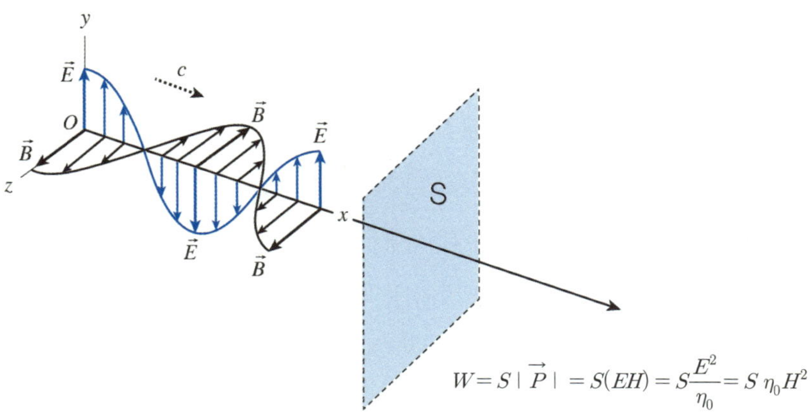


그림 I.1 공간에서 전력을 전달하는 전파의 속성

전파의 흐름을 그린 가상의 그림 I.1에서 W는 전력, S는 면적, E는 전기장, H는 자기장, $\eta_0$는 자유공간 임피던스이다. 위의 각 물리량은 국제단위계(SI)[18]의 규정에 따라 표의 기본 상수1)를 근거로 기본 단위2)로부터 유도되는 단위들이다.

전력 W의 단위는 와트(W), 면적 A는 제곱미터(m²), 전기장 E는 V/m 및 자기장은 A/m이다.


**표 Ⅰ.1** 전파 분야와 관련된 SI 단위계의 기본 상수

| 기본 상수 | 기호 | 수치 | 단위 |
|---|---|---|---|
| 세슘(Cs)의 초미세 전이 주파수 | $\Delta\nu_{Cs}$ | 9 192 631 770 | Hz |
| 진공에서 빛의 속력 | $c$ | 299 792 458 | m/s |
| 플랑크 상수 | $h$ | $6.626\ 070\ 15 \times 10^{-34}$ | Js |
| 전자의 전하 | $e$ | $1.602\ 176\ 634 \times 10^{-19}$ | C |


**표 Ⅰ.2** 전파 분야와 관련된 SI 기본 단위계

| 기본량 | | 기본 단위 | |
|---|---|---|---|
| 명칭 | 기호 | 명칭 | 기호 |
| 시간 | $t$ | 초 | s |
| 길이 | $\ell,\ x,\ r$ 등 | 미터 | m |
| 질량 | $m$ | 킬로그램 | kg |
| 전류 | $I,\ i$ | 암페어 | A |


## Ⅰ.1.1 소급성(traceability)의 최정점으로서 기본 상수의 지위

국제도량형국(BIPM)은 2019년 국제단위계(the International System of Units) 제9판 개정판을 출판하면서 표 Ⅰ.1의 상수를 포함한 7개의 상수를 정의하였다. 이로써 인공으로 제작된 원기나 물질을 기준으로 하던 단위 체계를 물리적으로 잘 정의된 상수를 기준으로 하면서 이들이 소급성의 최정점을 차지하게 되었다. 이에 따라 표 Ⅰ.2의 SI 기본 단위도 표 Ⅰ.1의 상수들의 관계로 정의되었다. SI 기본 단위들은 일상 생활에서뿐 아니라 국내 및 국제 교역에서 사용되므로 결국 모든 측정의 기준을 추적하면 기본 상수에 귀착되는 것이다. 일상에서 오차 또는 측정 불확도는 기본 상수의 정의로부터 시작됨을 염두해야 할 것이다. 그러나 실무상 기본 상수를 직접 다루는 일은 거의 없을 것이며 그 작업은 국내외 측정량을 정의하는 표준기관에서 다룰 일이다. 전파 분야에서도 마찬가지이지만 흔하게 사용되는 측정량으로서 전기장, 자기장 및 전압, 전력 등이 SI 체계의 근본 뼈대가 된 기본 상수와 어떤 관계가 있는지 한 번쯤 검토해보는 일도 필요하다.

---

1) 이외에도 볼츠만 상수, 아보가드로 상수 및 시감효능 등의 기본 상수가 규정됨
2) 이외에도 온도, 물질량 및 광도 등의 기본 단위가 있음

## I.1.2 기본 상수로 표현되는 시간(초, [s])의 SI 정의

1 초는 표 I.1에 표현된 세슘원자의 초미세 전이 주파수 $\triangle\nu_{Cs}$를 기준으로 정의한다. 세슘원자가 9 192 631 770번 진동했다면 $\dfrac{9\ 192\ 631\ 770}{\triangle\nu_{Cs}} = \dfrac{9\ 192\ 631\ 770}{9\ 192\ 631\ 770} = 1$ 초 가 된다.

$$1\,[s] = \frac{9\ 192\ 631\ 770}{\triangle\nu_{Cs}} \tag{I.2}$$

로 정의되며 만일 n번 진동했다면

$$\frac{n}{\triangle\nu_{Cs}}\ \text{초}\,[s] \tag{I.3}$$

이다. 식 (I.2)는 세슘의 초미세 전이 주파수 $\triangle\nu_{Cs}$로 표현한 1초[s]의 정의이다.

## I.1.3 기본 상수로 표현되는 길이(미터, [m])의 SI 정의

속력은 거리/시간으로 정의되는데 빛 속력의 단위를 I.1.1.에서 정의한 초[s]와 여기서 정의할 미터[m]의 단위로 나타내면 빛의 속도 c는 단위가 $[ms^{-1}]$이다. I.1.1.에서 정의한 1초 동안 간 거리를 299 792 458 [m]로 정의한다. 즉, 빛의 속도는 c=299 792 458 $[ms^{-1}]$이며 빛이 $\dfrac{1}{299\,792\,458}$ 초 동안 간 거리를 1 [m]로 정의한다.

$$1\,[m] = c \times \frac{1}{299\,792\,458}[s] \tag{I.4}$$

식 (I.2)에 따라 식 (I.4)는

$$1\,[m] = c \times \frac{1}{299\,792\,458}[s] = c \times \frac{1}{299\,792\,458} \times \frac{9\ 192\ 631\ 770}{\triangle\nu_{Cs}} \tag{I.5}$$

$$= \frac{9\ 192\ 631\ 770}{299\,792\,458} \times \frac{c}{\triangle\nu_{Cs}} \cong 30.663\ 319 \times \frac{c}{\triangle\nu_{Cs}}$$

$$\approx 30.663\ 319 \times \frac{c}{\triangle\nu_{Cs}}$$

식 (Ⅰ.5)는 빛의 속도 c와 세슘의 초미세 전이 주파수 $\triangle \nu_{Cs}$로 표현한 1미터[m]의 정의이다.

## Ⅰ.1.4. 기본 상수로 표현되는 질량(킬로그램, [kg])의 SI 정의

양자역학에서 광자(빛)의 에너지 E는 플랑크 상수 $h$ 진동수 $\nu$의 곱으로 주어진다.

$$E = h\nu \tag{Ⅰ.6}$$

에너지 $E$의 단위는 줄(Joule)로서 단위는 $[J] = [Nm] = [(kg\,ms^{-2})m] = [kg\,m^2 s^{-2}]$ 이고 주파수의 $\nu$의 단위는 시간 초의 역수 $[s^{-1}]$이므로 식 (Ⅰ.6)에서 플랑크 상수는 $h = \dfrac{E}{\nu}$로서 단위가 $[kg\,m^2 s^{-2}] \times [\dfrac{1}{s^{-1}}] = [kg\,m^2 s^{-1}]$로 값은 $6.626\,070\,15 \times 10^{-34}$로 주어진다. 그러므로 플랑크 상수 $h = 6.626\,070\,15 \times 10^{-34}[kg\,m^2 s^{-1}]$에서 1 kg은 다음과 같이 유도된다.

$$1\,[kg] = \frac{h}{6.626\,070\,15 \times 10^{-34}[m^2 s^{-1}]} = \frac{h}{6.626\,070\,15 \times 10^{-34}}[m^{-2}s] \tag{Ⅰ.7}$$

1초의 정의 식 (Ⅰ.2)와 1미터의 정의 식 (Ⅰ.5)를 식 (Ⅰ.7)에 대입하면

$$1\,[kg] = \frac{h}{6.626\,070\,15 \times 10^{-34}}[m^{-2}s] \tag{Ⅰ.8}$$

$$= \frac{h}{6.626\,070\,15 \times 10^{-34}}[m^{-2}s]$$

$$= \frac{h}{6.626\,070\,15 \times 10^{-34}}\left[\left(\frac{9\,192\,631\,770}{299\,792\,458}\right)^{-2}\left(\frac{c}{\triangle \nu_{Cs}}\right)^{-2} \times \frac{9\,192\,631\,770}{\triangle \nu_{Cs}}\right]$$

$$\approx 1.475\,521\,\,4 \times 10^{40}\frac{h\triangle \nu_{Cs}}{c^2}$$

이다. 식 (Ⅰ.8)은 플랑크 상수 $h$와 세슘의 초미세 전이 주파수 $\triangle \nu_{Cs}$ 및 빛의 속도 $c$로 정의된 1 킬로그램 [kg]이다.

## I.1.5. 기본 상수로 표현되는 전류(암페어, [A])의 SI 정의

전류는 전하의 흐름으로 단위 시간당 전하로 정의된다.

$$I = \frac{Q}{t} \quad \text{엄밀히는} \quad I = \frac{dQ}{dt} \tag{I.9}$$

1 암페어 [A]의 전류는 1초[s] 동안 1 쿨롱[C]의 전하가 흐르는 것이므로 표 I.1에서 보는 바와 같이 전자의 기본 전하량은 e=1.602 176 634 × $10^{-19}$ [C]이므로 n개의 전자가 있다면 총 전하는 Q=n×e=1.602 176 634 × $10^{-19}$ [C]이다. 총 전하 Q가 1 [C]이 되려면 전자의 수 n은 아래와 같다.

$$n = \frac{1}{1.602176634 \times 10^{-19}} = \frac{1}{1.602176634} \times 10^{19} \tag{I.10}$$

그러므로 1 [C]은 전자의 전하량 e와 전자의 개수 식 (I.10)을 곱한 값이며 여기에 식 (I.2)의 1초[s]를 나누면 1 암페어 [A]가 된다.

$$1\,[A] = 1\,[C] \div 1\,[s] = \frac{1}{1.602\,176\,634} \times 10^{19} \times e \times 1\,[s^{-1}] \tag{I.11}$$

$$= \frac{1}{1.602\,176\,634} \times 10^{19} \times e \times \frac{\triangle\nu_{Cs}}{9\,192\,631\,770}$$

$$= \frac{10^{19}}{1.602\,176\,634 \times 9\,192\,631\,770} \times e\,\triangle\nu_{Cs}$$

$$\approx 6.789\,687 \times 10^{8}\,e\,\triangle\nu_{Cs}$$

식 (I.11)은 전자의 전하량 e와 세슘의 초미세 전이 주파수 $\triangle\nu_{Cs}$로 표현한 1 암페어[A]의 정의이다.


## I.2 SI 단위계를 7개의 기본 상수로 정의하는 이유

2019년에 국제도량형국(BIPM)은 국제단위계(SI: International System of Units)의 9번째 판을 개정하면서, 그동안 kg 원기 등 물질로 정의하던 7개의 기본 단위를 빛의 속도 등 잘 변화하지 않는 것으로 여겨지는 7개의 상수를 이용하여 정의하였다.

물질로 이루어진 원기 등은 실제로 활용되기 위해 정의가 잘 되고 있으며, 또한 보급을 위해 물리적으로 구현되기 비교적 쉬워 단순하고 명확하다는 장점을 가지고 있다. 그러나 그러한 인공물은 손실되거나 훼손 또는 변질될 가능성이 언제든지 있다. 이러한 위험성을 회피하기 위해 SI 단위를 빛의 속도나 전자의 전하량 등 기본 상수로 정의하게 되면 단위들을 언제 어디서나 독립적으로 구현할 수 있다. 그리고 과학기술이 발전함에 따라 단위를 재정의하지 않고도 새롭고 더 우수한 구현 방법을 도입할 수 있다는 장점이 기본 상수에 의한 SI 단위계 정의 도입의 주된 이유이다.


## Ⅰ.3 전력(와트: W)의 단위

전력 $W$는 일률로서 다음과 같이 정의되는 단위시간 $t$당 일 $W$의 크기이다.

$$W = \frac{w[J]}{t[s]} \quad \text{엄밀히는} \quad W = \frac{dw}{dt} \tag{Ⅰ.12}$$

일 $W$의 단위는 줄(J)이므로 전력의 단위 와트는 $[W] = [Js^{-1}]$이다.

또한 일 $W$는 뉴턴 역학에서 힘 벡터 $\vec{F}$와 위치 벡터 $\vec{l}$의 벡터 내적으로 정의된다.

$$w = \vec{F}(N) \cdot \vec{l}(m) \quad \text{엄밀히는} \quad w = \int \vec{F} \cdot d\vec{l} \tag{Ⅰ.13}$$

힘 F는 단위가 뉴턴[N]이고 거리의 단위미터[m]이므로 식 (Ⅰ.3)에 따라 일의 단위 줄[J]은 $[J] = [Nm]$이다.

뉴턴의 힘 법칙에 따라 힘은 질량 M과 가속도 $\vec{a}$의 곱으로 정의된다.

$$\vec{F}(N) = M\vec{a} = M\frac{\vec{v}}{t} = M\frac{\vec{l}}{t}\frac{1}{t} = M[kg]\frac{\vec{l}[m]}{t^2[s]} \quad \text{엄밀히는} \quad \vec{F} = M\frac{d^2\vec{l}}{dt^2} \tag{Ⅰ.14}$$

여기서 $\vec{v}$는 속도 벡터이다.

그러므로 힘의 단위 [N]을 기본 단위로 표시하면 식 ( I .4)에 따라 $[N] = [kg\,m\,s^{-2}]$ 이다. 유도 단위인 전력의 와트를 표 I .2의 SI 기본 단위로 나타내면 아래와 같다.

$$[W] = [Js^{-1}] = [Nm\,s^{-1}] = [kg\,m^2 s^{-3}] \tag{ I .15}$$

## I.3.1 전력 단위의 기본 상수 표현

식 ( I .15)에서 표현된 전력 W의 SI 유도 단위를  I −1장에서 정의된 기본 상수로 나타내보자. 식 ( I .15)에서 와트는 SI 기본 단위인 kg과 m 및 s로 표현되었다. 이들을 기본 상수로 정의한 식 ( I .2)와 식 ( I .5) 및 식 ( I .8)의 값들을 식 ( I .15)에 대입하면

$$[W] = [kg\,m^2 s^{-3}] =$$

$$\approx 1.475\ 521\ \ 4 \times 10^{40} \frac{h\triangle\nu_{Cs}}{c^2} \times (30.663\ 319 \times \frac{c}{\triangle\nu_{Cs}})^2 \times (\frac{9\ 192\ 631\ 770}{\triangle\nu_{Cs}})^{-3}$$

$$= 1.475\ 521\ \ 4 \times 10^{40} \frac{h\triangle\nu_{Cs}}{c^2} \times (30.663\ 319 \times \frac{c}{\triangle\nu_{Cs}})^2 \times (\frac{\triangle\nu_{Cs}}{9\ 192\ 631\ 770})^{3}$$

$$= \frac{1.475\ 521\ \ 4 \times 10^{40} \times (30.663\ 319)^2}{(9\ 192\ 631\ 770)^3} \times \frac{h\triangle\nu_{Cs}}{c^2} \times (\frac{c}{\triangle\nu_{Cs}})^2 \times (\triangle\nu_{Cs})^3$$

$$\approx 1.78953 \times 10^{13} \times h(\triangle\nu_{Cs})^2 \tag{ I .16}$$

1 [W]는 플랑크 상수 h와 세슘의 초미세 전이 주파수 $\triangle\nu_{Cs}$ 제곱의 곱으로 표시되며 그 값은 식 ( I .16)과 같다.

---

### 🔭 전력 와트의 SI 기본 단위 표시

$$[W] = [Js^{-1}] = [Nm\,s^{-1}] = [kg\,m^2 s^{-3}]$$

---

### 🔭 전력 와트의 기본 상수 표현

$$[W] = 1.78953 \times 10^{13} \times h(\triangle\nu_{Cs})^2$$

### Ⅰ.3.2 1 W는 감각적으로 어느 정도일까?

과학기술정보통신부 고시 제2024 − 10호 「신고하지 아니하고 개설할 수 있는 무선국용 무선기기: 2024.7.5.」의 특정 소출력 무선기기의 경우 출력 제한을 보통 10 밀리와트[mW] 이하로 제한한다. 1 [mW]는 1 [W]의 1천 분의 일이다. 그러므로 규정상 특정 소출력 무선기기는 1 [W]의 1백 분의 일을 초과하면 안 된다.

전파의 입장에서 10 [mW]이면 주변에서 볼 수 있는 무선기기를 사용하는 장난감 등의 물건을 충분히 작동하고도 남는 전력이다.

뉴턴 역학에 따르면 중력가속도 g에서 질량 M인 물체를 높이 H만큼 들어 올렸을 때 한 일은 다음과 같다.

$$w = M \times g \times H \tag{Ⅰ.17}$$

t 시간 동안 이 일을 하였다면, 전력은 아래와 같다.

$$W = \frac{w}{t} = \frac{M \times g \times H}{t} \tag{Ⅰ.18}$$

지상에서 중력가속도 $g = 9.8\,[ms^{-2}]$ 이다. 만일 중력가속도를 약 $g = 10\,[ms^{-2}]$ 라 가정한 후 1 [kg]인 물체를 1초 동안 등속도로 10 [cm] 올렸다면 아래와 같이 1 [W]를 소비한다.

$$\begin{aligned} W = \frac{w}{t} &= \frac{1\,[kg] \times 10\,[ms^{-2}] \times 10\,[cm]}{1s} \\ &= 1\,[kg] \times 10\,[ms^{-2}] \times (10 \times \frac{1}{100}\,[m]) \times 1\,[s^{-1}] \\ &= 1\,\,[kg\,m^2 s^{-3}] = 1\,[W] \end{aligned} \tag{Ⅰ.19}$$

1 [W]를 경험하고 싶다면 스포츠 센터 등 운동 시설에 가서 1 [kg] 아령을 수직 높이로 1초 동안 10 [cm]만큼 들어보면 그 감각으로 짐작할 수 있다. 소출력 무선기기는 10그램의 물체를 1초 동안 10 [cm] 들어 올릴 때 필요한 전력 이하로도 조종될 수 있다.

## I.4 저항의 단위 옴[Ω]의 SI 기본 단위 표시

전압(V) 및 전류(I)와 저항(R)의 관계를 기술하는 옴의 법칙은 다음과 같다.

$$V[V] = I[A]\,R[\Omega] \tag{I.20}$$

전력 W와 저항 R 및 전류 I의 관계는 옴의 법칙에 따라 아래와 같다.

$$W = I^2 R \tag{I.21}$$

저항 R은 $R = \dfrac{W}{I^2}$ 이 되며 전력의 SI 단위는 식 (I.15)에서 $[W] = [kg\,m^2 s^{-3}]$ 이고 전류의 SI 기본 단위는 암페어[A]이므로 저항의 단위 $\Omega$의 SI 기본 단위 표시는 아래와 같다.

$$[\Omega] = \frac{[W]}{[A^2]} = [kg\,m^2 A^{-2} s^{-3}] \tag{I.22}$$

## I.4.1 저항의 단위 옴[Ω]의 SI 기본 상수 표현

저항의 단위 $\Omega$의 SI 기본 단위 표시로 주어진 식(I.22)에 $[s]$, $[m]$, $[kg]$, $[A]$ 및 기본 상수 관계식 식(I.2), 식(I.5), 식(I.8) 및 식(I.11)을 대입하면 구할 수 있다.

$$
\begin{aligned}
[\Omega] &= [kg\,m^2 A^{-2} s^{-3}] \\[4pt]
&= [1.475\ 521\ 4 \times 10^{40} \frac{h \Delta \nu_{Cs}}{c^2} \times (30.663\ 319 \times \frac{c}{\Delta \nu_{Cs}})^2 \\[4pt]
&\quad \times (6.789\ 687 \times 10^8\ e\,\Delta \nu_{Cs})^{-2} \times (\frac{9\ 192\ 631\ 770}{\Delta \nu_{Cs}})^{-3}] \\[4pt]
&= [1.475\ 521\ 4 \times 10^{40} \frac{h \Delta \nu_{Cs}}{c^2} \times (30.663\ 319)^2 \times (\frac{c}{\Delta \nu_{Cs}})^2 \\[4pt]
&\quad \times \frac{1}{(6.789\ 687 \times 10^8)^2 \times (e\,\Delta \nu_{Cs})^2} \times \frac{(\Delta \nu_{Cs})^3}{(9\ 192\ 631\ 770)^3}]
\end{aligned}
$$

$$= \frac{1.475\ 521\ 4 \times 10^{40} \times (30.663\ 319)^2}{(6.789\ 687 \times 10^8)^2 \times (9\ 192\ 631\ 770)^3} \times \frac{h}{e^2}$$

$$\approx 857.818\ 109\ 1 \times \frac{h}{e^2} \tag{$\mathrm{I}$.23}$$

저항을 표시하는 SI 유도 단위 $\Omega$는 플랑크 상수 h를 전자의 전하량 e의 제곱으로 나누면 되고 그 수치는 식 ($\mathrm{I}$.23)과 같다.

---

**👓 저항 옴[$\Omega$]의 SI 기본 단위 표시**

$$[\Omega] = \frac{[W]}{[A^2]} = [kg\ m^2 A^{-2}s^{-3}]$$

---

**👓 저항 옴[$\Omega$]의 SI 기본 상수 표현**

$$[\Omega] \approx 857.818\ 109\ 1 \times \frac{h}{e^2}$$

---

## $\mathrm{I}$.5 전압의 단위 볼트[V]의 SI 기본 단위 및 기본 상수 표시

전압(V) 및 전류(I)와 저항(R)의 관계 식 ($\mathrm{I}$.20)에 따라 전압의 단위 볼트[V]는 다음과 같이 표현된다.

$$[V] = [A\Omega] \tag{$\mathrm{I}$.24}$$

그러므로 유도 단위 [V]의 기본 단위 표시는 식 ($\mathrm{I}$.22)와 식 ($\mathrm{I}$.24)에 따라 다음과 같다.

$$[V] = [A\Omega] = [Akg\ m^2 A^{-2}s^{-3}] = [kg\ m^2 A^{-1}s^{-3}] \tag{$\mathrm{I}$.25}$$

유도 단위인 저항은 기본 상수와 식 (Ⅰ.23)의 관계를 갖기 때문에 $[A]$의 관계식 식(Ⅰ.20)과 $[\Omega]$의 관계식 식 (Ⅰ.23)을 식 (Ⅰ.24)에 대입함으로써 $[V]$를 기본 상수로 표현할 수 있다.

$$[V] = [A\Omega]$$

$$\approx [(6.789\ 687 \times 10^8\ e\,\triangle\nu_{Cs}) \times (857.818\ 109\ 1 \times \frac{h}{e^2})]$$

$$= [(6.789\ 687 \times 10^8 \times 857.818\ 109\ 1) \times \frac{h\triangle\nu_{Cs}}{e}]$$

$$\approx 5.82432 \times 10^{11} \frac{h\triangle\nu_{Cs}}{e} \tag{Ⅰ.26}$$

---

**🔭 전압 볼트(V)의 SI 기본 단위 표시**

$$[V] = [A\Omega] = [kg\ m^2\ A^{-1} s^{-3}]$$

---

**🔭 전압 볼트(V)의 SI 기본 상수 표현**

$$[V] \approx 5.82432 \times 10^{11} \frac{h\triangle\nu_{Cs}}{e}$$

## Ⅰ.6 전기장 E의 SI 기본 단위 및 기본 상수 표시

식 (Ⅰ.1)에서 $W = S\dfrac{E^2}{\eta_0}$ 는 전자파가 면적 S에 전달하는 전력이 전기장 E와 자유공간 임피던스 $\eta_0$와 관계를 맺는 식이다. 옴의 법칙에 따라 전력 W와 저항 R과 전압 V와의 관계는 $W = \dfrac{V^2}{R}$ 으로 주어진다. 그러므로 $S\dfrac{E^2}{\eta_0}$ 과 $\dfrac{V^2}{R}$ 은 단위가 같다. 각각을 SI 단위로 표시하면 $[S\dfrac{E^2}{\eta_0}] = [m^2\Omega^{-1}E^2]$ 이고 $[\dfrac{V^2}{R}] = [V^2\Omega^{-1}]$ 이다. 그러므로 $[m^2\Omega^{-1}E^2] = [V^2\Omega^{-1}]$ 에서 전기장의 SI 단위는 아래와 같다.

$$[E] = [Vm^{-1}] \tag{I.27}$$

위 식에 식 (I.25)를 대입하면 SI 기본 단위 표현을 구할 수 있다. 한편 식 (I.26)과 [m] 관계식 식 (I.5)를 이용하면 기본 상수로 표시할 수 있다.

$$[E] = [Vm^{-1}] = [kg\ m^2\ A^{-1} s^{-3} m^{-1}] = [kg\ m\ A^{-1} s^{-3}] \tag{I.28}$$

$$[E] = [Vm^{-1}] = [5.82432 \times 10^{11}\ \frac{h\triangle \nu_{Cs}}{e} \times 30.663\ 319 \times \frac{c}{\triangle \nu_{Cs}}]$$

$$= 5.82432 \times 10^{11} \times 30.663\ 319 \times \frac{hc}{e}$$

$$= 1.785\ 93 \times 10^{13} \frac{hc}{e} \tag{I.29}$$

> **◉◉ 전기장의 SI 기본 단위 표시**
>
> $$[E] = [Vm^{-1}] = [kg\ m\ A^{-1} s^{-3}]$$

> **◉◉ 전기장의 SI 기본 상수 표현**
>
> $$[E] \approx 1.785\ 93 \times 10^{13} \frac{hc}{e}$$

## I.7 자기장 $H_M$ [3)]의 SI 기본 단위 및 기본 상수 표시

식 (I.1)에서 $W = S\eta_0 H_M^2$ 는 전자파가 면적 S에 전달하는 전력이 자기장 $H_M$과 자유공간 임피던스 $\eta_0$와 관계를 맺는 식이다. 옴의 법칙에 따라 전력 W와 저항 R과 전류 I와의 관계는 $W = I^2 R$로 주어진다. 그러므로 $S\eta_0 H_M^2$과 $I^2 R$은 단위가 같다. 각각을 SI 단위로 표시하면

---

3) 자기장의 기호는 보통 H로 쓰나 뒤에 나올 인덕턴스의 SI 단위를 H로 표기하므로 혼동 방지를 위해 자기장의 기호를 $H_M$으로 표시하였다.

$[S\eta_0 H_M^2] = [m^2 \Omega H_M^2]$ 이고 $[I^2 R] = [A^2\Omega]$ 이다. 그러므로 $[m^2\Omega H_M^2] = [A^2\Omega]$ 에서 자기장의 SI 단위는 아래와 같다.

$$[H_M] = [Am^{-1}] \qquad\qquad (\mathrm{I}.30)$$

위 식은 SI 기본 단위로 표현되어 있다. 한편 식 ($\mathrm{I}$.30)과 [m] 관계식 ($\mathrm{I}$.5)를 이용하면 기본 상수로 표시할 수 있다.

$$[H_M] = [Am^{-1}] = [A \times 30.663\,319 \times \frac{c}{\triangle\nu_{Cs}}] = 30.663\,319 \times \frac{Ac}{\triangle\nu_{Cs}} \qquad (\mathrm{I}.31)$$

---

**👀 자기장의 SI 기본 단위 표시**

$[H_M] = [Am^{-1}]$

---

**👀 기장의 SI 기본 상수 표현**

$[H_M] = [Am^{-1}] = 30.663\,319 \times \dfrac{Ac}{\triangle\nu_{Cs}}$

---

## I.8 전기용량 C의 SI 기본 단위 및 기본 상수 표시

전기용량 C는 축적된 전하량 Q 및 전압 V와 Q=CV의 관계가 있다. 이를 SI 단위로 표기하면 $[Q] = [C][V]$ 이고 식 ($\mathrm{I}$.9) 전류 및 전하와 시간의 관계에서 $[Q] = [As]$ 이다. 그러므로 C의 단위 패럿[F]의 SI 단위는 다음과 같다.

$$[F] = [As\,V^{-1}] \qquad\qquad (\mathrm{I}.32)$$

위 식에 전압 [V]의 SI 기본 단위 표시 식 ($\mathrm{I}$.25)를 대입하면 C의 표현을 얻는다.

$$[F] = [As\,V^{-1}] = [As\,(kg\,m^2\,A^{-1}s^{-3})^{-1}] \qquad (\mathrm{I}.33)$$

$$= [kg^{-1}\,m^{-2}s^4A^2]$$

위의 식 (Ⅰ.33)의 마지막 식에 식 (Ⅰ.2), 식 (Ⅰ.4), 식 (Ⅰ.5) 및 식 (Ⅰ.7)을 대입하면 C의 기본 상수 관계식을 얻는다.

$$[F] = [kg^{-1}\,m^{-2}s^4A^2]$$

$$= \left[\,(1.475\ 521\ 4\times10^{40}\frac{h\Delta\nu_{Cs}}{c^2})^{-1}\times(30.663\ 319\times\frac{c}{\Delta\nu_{Cs}})^{-2}\right.$$

$$\times\ (\frac{9\ 192\ 631\ 770}{\Delta\nu_{Cs}})^4\times(6.789\ 687\times10^8\ e\,\Delta\nu_{Cs})^2\,]$$

$$= [\,\frac{10^{-40}}{1.475\ 521\ 4}\times\frac{c^2}{h\Delta\nu_{Cs}}\times(\frac{1}{(30.663\ 319)^2}\times\frac{\Delta\nu_{Cs}^2}{c^2})$$

$$\times\ \frac{(9\ 192\ 631\ 770)^4}{\Delta\nu_{Cs}^{\,4}}\times(6.789\ 687)^2\times10^{16}\ e^2\,\Delta\nu_{Cs}^{\ 2}\,]$$

$$= [\,\frac{10^{-24}}{1.475\ 521\ 4}\times\frac{1}{(30.663\ 319)^2}$$

$$\times\ (9\ 192\ 631\ 770)^4\times(6.789\ 687)^2\,\frac{e^2}{h\Delta\nu_{Cs}}\ ]$$

$$\approx 2.372\ 88\times10^{14}\frac{e^2}{h\Delta\nu_{Cs}} \qquad (\mathrm{I}.34)$$

---

**전기용량 패럿[F]의 SI 기본 단위 표시**

$$[F] = [kg^{-1}\,m^{-2}s^4A^2]$$

---

**전기용량 패럿[F]의 SI 기본 상수 표현**

$$[F] \approx 2.372\ 88\times10^{14}\frac{e^2}{h\Delta\nu_{Cs}}$$

## Ⅰ.9 인덕턴스 L의 단위 헨리[H]의 SI 기본 단위 및 기본 상수 표시

인덕턴스는 코일 등에서 전류의 변화가 유도 기전력을 일으키는데 그와 관련된 방정식은 다음과 같다.

$$V_{induce} = -L\frac{di}{dt} \qquad (Ⅰ.35)$$

여기서 $V_{induce}$ 는 볼트(V) 단위의 기전력, L은 헨리(H) 단위의 인덕턴스, i는 암페어(A) 단위의 전류, t는 시간이다.

식 (Ⅰ.35)를 단위 관계로 표현하면 다음과 같다.

$$[V] = [HAs^{-1}] \qquad (Ⅰ.36)$$

이 식으로부터 헨리 H는 다음과 같은 단위 간의 관계로 표현된다.

$$[H] = [VA^{-1}s] \qquad (Ⅰ.37)$$

전압 단위 V의 SI 기본 단위 표현 식 (Ⅰ.25)를 식 (Ⅰ.37)에 대입하여 헨리의 SI 기본 단위 표현을 찾을 수 있다.

$$[H] = [VA^{-1}s]$$
$$= [(kg\ m^2 A^{-1}s^{-3})A^{-1}s] = [kg\ m^2 A^{-2}s^{-2}] \qquad (Ⅰ.38)$$

위 식 (Ⅰ.38)에 식 (Ⅰ.2), 식 (Ⅰ.4), 식 (Ⅰ.5) 및 식 (Ⅰ.7)을 대입하면 [H]의 기본 상수 관계식을 얻는다.

$$[H] = [kg\ m^2 A^{-2}s^{-2}]$$
$$= [(1.475\ 521\ \ 4\times10^{40}\frac{h\Delta\nu_{Cs}}{c^2})\times(30.663\ 319\times\frac{c}{\Delta\nu_{Cs}})^2$$

$$\times (6.789\ 687 \times 10^8\ e\,\triangle\nu_{Cs})^{-2} \times \left(\frac{9\ 192\ 631\ 770}{\triangle\nu_{Cs}}\right)^{-2}\,]$$

$$= [(1.475\ 521\ 4 \times 10^{40}\frac{h\triangle\nu_{Cs}}{c^2}) \times (30.663\ 319)^2 \times \frac{c^2}{\triangle\nu_{Cs}^2}$$

$$\times \frac{1}{(6.789\ 687 \times 10^8)^2} \times \frac{1}{e^2\,\triangle\nu_{Cs}^2} \times \frac{1}{(9\ 192\ 631\ 770)^2}(\triangle\nu_{Cs})^2\,]$$

$$= \frac{(1.475\ 521\ 4 \times 10^{40}) \times (30.663\ 319)^2}{(6.789\ 687 \times 10^8)^2 \times (9\ 192\ 631\ 770)^2}\ \frac{h\triangle\nu_{Cs}}{c^2}\frac{c^2}{\triangle\nu_{Cs}^2}\frac{1}{e^2\,\triangle\nu_{Cs}^2}(\triangle\nu_{Cs})^2\,]$$

$$= \frac{(1.475\ 521\ 4 \times 10^{40}) \times (30.663\ 319)^2}{(6.789\ 687 \times 10^8)^2 \times (9\ 192\ 631\ 770)^2}\ \frac{h}{e^2\triangle\nu_{Cs}}$$

$$\approx 356\ 126.752\ 1\ \frac{h}{e^2\triangle\nu_{Cs}} \tag{I.39}$$

---

**🔭 인덕턴스 헨리[H]의 SI 기본 단위 표시**

$$[H] = [VA^{-1}s] = [kg\,m^2A^{-2}s^{-2}]$$

---

**🔭 인덕턴스 헨리[H]의 SI 기본 상수 표현**

$$[H] \approx 356\ 126.752\ 1\ \frac{h}{e^2\triangle\nu_{Cs}}$$

# 데시벨(dB)의 이해

**II.1** 데시벨(dB)은 물리량의 상대적인 크기를 나타내기 위하여 도입된 단위이다. 처음에는 음향학 분야에서 소리의 세기를 표시하도록 고안되었으나, 그 후 전기, 전자, 전파공학 분야에서 널리 사용되는 도구가 되었다.

**II.2** 사람의 귀로 감지되는 가장 작은 소리의 세기는 약 $2 \times 10^{-5}$ Pa(파스칼: 압력 단위)이고 고통 없이 감지할 수 있는 가장 큰 소리의 세기는 약 $2 \times 10^{2}$ Pa이다. 가장 작은 소리와 큰 소리의 비는 $10^7$ 으로 약 천만 배의 차이가 난다.

　이것을 선형 크기로 표시하면, 한 눈금의 크기가 $2 \times 10^{-5} / 2 \times 10^2 = 10^{-7}$ Pa로서 천만 개의 눈금이 필요하다. 이 눈금 표시를 10배로 표시하더라도 백만 개의 눈금이 필요하여 실제 사용이 불편하다.

**II.3** 1 Pa를 기준으로 인간이 감지할 수 있는 소리의 상대적 범위를 10을 밑으로 하는 지수로 표시하면 $10^{-4.699}$ 와 $10^{2.301}$ 이다. 이 압력의 범위를 지수인 $-4.699$ 와 $2.301$ 사이의 값으로 다루면 그것을 직접 취급하는 것보다 훨씬 편리하다.

　이러한 단위는 1876년 전화기를 최초로 발명한 알렉산더 그레이엄 벨(Alexander Graham Bell)의 업적을 기리기 위하여 벨(B: Bell)로 사용하였다. 그러나 실무상 B의 단위는 너무 커서 그것의 1/10을 표시하는 데시(deci)를 붙여 데시벨, dB (deci-Bell)를 사용한다.

## II.4 (전력비에 의한 dB 정의)

전자 및 전파 분야에서 어떤 물리량을 데시벨 단위로 상대세기를 표시하는 경우, 우리가 택할 수 있는 가장 좋은 물리량은 에너지 보존법칙과 관련된 전력(Power)이다.

두 전력의 비를 밑을 10으로 하는 지수로 표현하였을 때, 지숫값이 상대 크기이며 단위는 B(벨)이고, B의 1/10을 단위로 한 것이 dB이다. 1 B=10 dB 이다.

전력 $P_1$과 $P_2$의 비를 10의 지수로 표현해서 $10^a$이면,

$$\frac{P_2}{P_1} = 10^a = 10^{\frac{b}{10}} \tag{II.1}$$

이 비를 a Bell 또는 b dB 라 한다. 여기서 b = 10a이다.

전력비를 밑을 10으로 하는 지수로 표기하면 해당되는 지숫값이 벨이며 그것의 1/10 값이 데시벨이다.


## II.5 (지수에 의한 데시벨 표시)

식 II.2에서 인간이 들을 수 있는 최소의 소리와 고통 없이 들을 수 있는 최대의 소리는 1 Pa를 기준으로 몇 B 또는 몇 dB일까?

1 Pa에 대한 최소 소리의 비를 10의 지수로 표현하면

$$\frac{2 \times 10^{-5} \, Pa}{1 \, Pa} = 2 \times 10^{-5} = 10^{0.301} \times 10^{-5} = 10^{-4.699} \tag{II.2}$$

이다. 여기서 두 번째 항의 2는 10을 밑으로 하는 지수로 표현하면 $2 = 10^{0.301}$ [1]이기 때문이다. 그러므로 그 비는 $-4.699$ B 또는 $-4.699 \times 10$ dB $= -46.99$ dB 가 된다.

1 Pa를 기준으로 고통 없이 들을 수 있는 가장 큰 소리의 비는 10의 지수로

---

1) $\log_{10}2 = 0.301$ 에서 $2 = 10^{0.301}$ 를 가져왔다.

$$\frac{2 \times 10^2 \, Pa}{1 \, Pa} = 2 \times 10^2 = 10^{0.301} \times 10^2 = 10^{2.301} \tag{II.3}$$

이다. 그러므로 그 비는 2.301 B 또는 2.301 × 10 dB = 23.01 dB 이다.

## II.6 (배수의 10의 지수 표현)

2, 3, 7 등 몇 가지 소수의 10에 대한 지수를 알면 그 값으로부터[2] 다음과 같이 배수의 지수 표현을 구할 수 있으며, 그 지수의 값이 Bell 단위이며 그것의 10배가 dB이다. 이 값들로부터 기타 주요한 배숫값들을 다음과 같이 계산할 수 있다.

| | |
|---|---|
| $1 = 10^0$ | $\sim$ 0 B = 0 dB |
| $2 = 10^{0.301}$ | $\sim$ 0.3 B = 3 dB |
| $3 = 10^{0.4771}$ | $\sim$ 0.48 B = 4.8 dB |
| $4 = 2^2 = (10^{0.301})^2 = 10^{0.301 \times 2} = 10^{0.602}$ | $\sim$ 0.6 B = 6 dB |
| $5 = 10/2 = 10^0/10^{0.301} = 10^{1-0.301} = 10^{0.699}$ | $\sim$ 0.7 B = 7 dB |
| $6 = 2 \times 3 = 10^{0.301} \times 10^{0.471} = 10^{0.301+0.4771} = 10^{0.7781}$ | $\sim$ 0.78 B = 7.8 dB |
| $7 = 10^{0.8451}$ | $\sim$ 0.85 B = 8.5 dB |
| $8 = 2^3 = (10^{0.301})^3 = 10^{0.301 \times 3} = 10^{0.903}$ | $\sim$ 0.9 B = 9 dB |
| $9 = 3^2 = (10^{0.4771})^2 = 10^{0.4771 \times 2} = 10^{0.9542}$ | $\sim$ 0.95 B = 9.5 dB |
| $10 = 2 \times 5 = 10^{0.301} \times 10^{0.699} = 10^{0.301+0.699} = 10^1$ | 1 B = 10 dB |
| $20 = 2 \times 10 = 10^{0.301} \times 10^1 = 10^{0.301+1} = 10^{1.301}$ | $\sim$ 1.3 B = 13 dB |
| $30 = 3 \times 10 = 10^{0.4771} \times 10^1 = 10^{0.4771+1} = 10^{1.4771}$ | $\sim$ 1.48 B = 14.8 dB |
| $50 = 5 \times 10 = 10^{0.699} \times 10^1 = 10^{0.699+1} = 10^{1.699}$ | $\sim$ 1.7 B = 17 dB |
| $100 = 10^2$ | $\sim$ 2 B = 20 dB |
| $1000 = 10^3$ | $\sim$ 3 B = 30 dB |

---

2) 10의 지숫값들은 상용로그로 계산이 가능하며 2, 3, 7 등의 지숫값은 각각, 0.301, 0.4771, 0.8451로 주어지는 것으로 한다.

$$1/2 = 10^{-0.301} \qquad\qquad \sim -0.3\,B = -3\,dB$$

$$1/3 = 10^{-0.4771} \qquad\qquad \sim -0.48\,B = -4.8\,dB$$

$$1/4 = (10^{-0.301})^2 = 10^{-0.602} \qquad\qquad \sim -0.6\,B = -6\,dB$$

$$1/5 = 2/10 = 10^{0.301}/10 = 10^{0.301-1} = 10^{-0.699} \qquad\qquad \sim -0.7\,B = -7\,dB$$

$$1/6 = 1/(2\times3) = 10^{-(0.301+0.4771)} = 10^{-0.7781} \qquad\qquad \sim -0.78\,B = -7.8\,dB$$

$$1/7 = 10^{-0.8451} \qquad\qquad \sim -0.85\,B = -8.5\,dB$$

$$1/8 = (10^{-0.301})^3 = 10^{-0.903} \qquad\qquad \sim -0.9\,B = -9\,dB$$

$$1/9 = (10^{-0.4771})^2 = 10^{-0.9542} \qquad\qquad \sim -0.95\,B = -9.5\,dB$$

$$1/10 = 10^{-1} \qquad\qquad \sim -1\,B = -10\,dB$$

$$1/20 = 10^{-(0.301+1)} = 10^{1.301} \qquad\qquad \sim -1.3\,B = -13\,dB$$

$$1/30 = 10^{-0.4771}\times10^{-1} = 10^{-(0.4771+1)} = 10^{-1.4771} \qquad\qquad \sim -1.48\,B = -14.8\,dB$$

$$1/50 = 10^{-0.699}\times10^{-1} = 10^{-(0.699+1)} = 10^{-1.699} \qquad\qquad \sim -1.7\,B = -17\,dB$$

$$1/100 = 10^{-2} \qquad\qquad \sim -2\,B = -20\,dB$$

$$1/1000 = 10^{-3} \qquad\qquad \sim -3\,B = -30\,dB \qquad (\text{II}.4)$$

## II.7 (지수에서 dB 연산)

그림 Ⅱ.1의 좌측 신호발생기 A 포트의 출력 전력을 $P_0$, 케이블 1의 B 부분에서 전력을 $P_1$, C 부분의 전력을 $P_2$, 케이블 2의 수신기 입력 포트 D의 전력을 $P_3$라 한다.

전력비는 B에서 $\dfrac{P_1}{P_0}$, C에서 $\dfrac{P_2}{P_1}$, D에서 $\dfrac{P_3}{P_2}$ 가 된다.

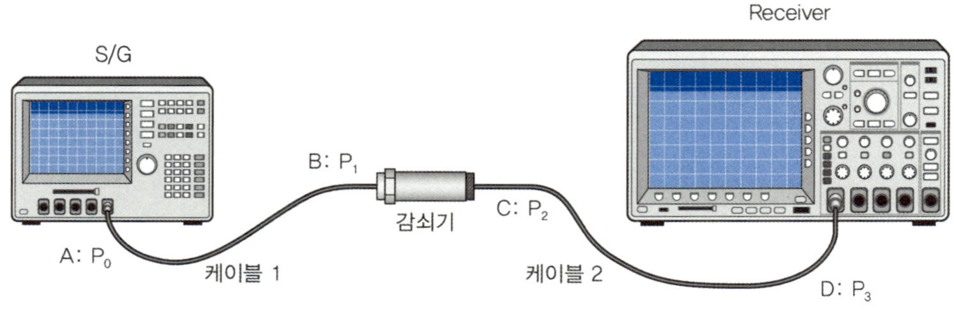


그림 Ⅱ.1

케이블 1, 감쇠기 및 케이블 2의 감쇠량이 각각 $a$ dB, $b$ dB, 및 $c$ dB 라 하면,

$$\frac{P_1}{P_0} = 10^{\frac{a}{10}} \ , \quad \frac{P_2}{P_1} = 10^{\frac{b}{10}}, \quad \frac{P_3}{P_2} = 10^{\frac{c}{10}} \tag{II.5}$$

가 될 것이다.

초기 송신 전력 $P_0$와 최종 수신 전력 $P_3$의 비는 다음과 같다.

$$\frac{P_3}{P_0} = \frac{P_1}{P_0} \times \frac{P_2}{P_1} \times \frac{P_3}{P_2} = 10^{\frac{a}{10}} \times 10^{\frac{b}{10}} \times 10^{\frac{c}{10}} = 10^{\frac{a+b+c}{10}} \tag{II.6}$$

데시벨의 정의에 따라 결과는 $(a+b+c)$ dB가 된다.

이것은 dB 단위끼리 단순히 합과 차로 연산할 수 있음을 의미한다.


## II.8 (전력의 dB 절대단위)

전파 분야에서 전력을 나타내는 경우 1 W, 1 mW(=$10^{-3}$W) 및 1 $\mu$W(=$10^{-6}$W)를 기준으로 상대적인 전력값을 표시하는 경우가 많다. 단위는 각각, dBW, dBmW 및 dB$\mu$W로 표기한다. 전력 P를 1 W, 1mW 및 1 $\mu$W를 기준으로 상댓값을 10의 지수로 나타낸다.

$$\frac{P}{1\,\text{W}} = 10^{\frac{a}{10}} , \quad \frac{P}{1\,\text{mW}} = 10^{\frac{b}{10}} \ \ 및 \ \ \frac{P}{1\,\mu\text{W}} = 10^{\frac{c}{10}} \tag{II.7}$$

로 표현된다면, 각각 $a$ dBW, $b$ dBmW 및 $c$ dB$\mu$W라고 말한다.


## II.9 (전압의 dB 정의)

옴의 법칙에 따라 전력 P는 전압 V와 저항 R은 아래와 같은 관계가 있다.

$$P = \frac{V^2}{R} \tag{II.8}$$

전력의 비로 표현하는 dB와 전압의 비로 표현되는 dB는 어떤 관계가 있을까? 저항이 $R$일 때, $a$ dB인 전력 $P_1$과 $P_2$의 비는 $\frac{P_2}{P_1} = 10^{\frac{a}{10}}$ 가 되고, 전력의 전압 및 저항의 관계식에 따르면 아래와 같이 전개된다.

$$\frac{P_2}{P_1} = \frac{V_2^2/R}{V_1^2/R} = \left(\frac{V_2}{V_1}\right)^2 = 10^{\frac{a}{10}} \tag{II.9}$$

위 식의 마지막 2개의 항 $\left(\frac{V_2}{V_1}\right)^2 = 10^{\frac{a}{10}}$ 에서 다음을 얻는다.

$$\left(\frac{V_2}{V_1}\right)^2 = 10^{\frac{a}{10}} \rightarrow \frac{V_2}{V_1} = 10^{\frac{a}{20}} \tag{II.10}$$

이므로 전압의 비 $\frac{V_2}{V_1}$ 는 $\frac{V_2}{V_1} = 10^{\frac{a}{20}}$ 가 된다.

여기서 전압 dB의 정의는 $\frac{V_2}{V_1} = 10^{\frac{a}{20}} = 10^{\frac{a/2}{10}}$ 이다. 전압은 $\frac{a}{2}$ dB이다. 말로 풀면 전력으로 a dB면 전압으로는 $\frac{a}{2}$ dB가 된다. 이는 다음과 같이 쓸 수 있다.

$$전압\,(dB) = 2 \times 전력\,(dB) \tag{II.11}$$

일반적으로 어떤 물리량 M이 전력 P와 양의 실수 α에 대해 $P \sim M^{\pm\alpha}$ 의 관계가 있다면 다음과 같은 dB 관계가 성립한다.

$$M(dB) = \alpha \times P(dB) \tag{II.12}$$

## Ⅱ.10 (전압의 dB 절대단위)

전파 분야에서 전력과 마찬가지로 전압도 1 V, 1 mV(=$10^{-3}$V) 및 1 $\mu$V(=10−6V)를 기준으로 상대적인 전력값을 표시한다. 단위는 각각, dBV, dBmV 및 dB$\mu$V로 표기한다.

전압 1 V, 1 mV 및 1 $\mu$V를 기준으로 상대 전력값을 10의 지수로 표현한다.

$$\frac{V}{1\,\mathrm{Volt}} = 10^{\frac{a}{10}}, \quad \frac{V}{1\,\mathrm{mV}} = 10^{\frac{b}{10}} \quad \text{및} \quad \frac{V}{1\,\mu\mathrm{V}} = 10^{\frac{c}{10}} \qquad (\mathrm{Ⅱ}.13)$$

이들은 각각 $a$ dBV, $b$ dBmV 및 $c$ dB$\mu$V이다.


## Ⅱ.11 (상용로그에 의한 dB의 정의)

데시벨의 실제 정의는 상용로그를 이용한다. 로그와 지수는 역의 관계가 있지만 앞에서 논의한 바에 따르면 두 전력비의 값을 10의 지수로 표기하고, 그 지숫값으로 벨과 데시벨을 정의하며 지수의 값만 다루면 되었다. 그 지숫값은 상용로그의 값이며 log2나 log3 등과 같이 미리 계산되어 주어진 값들을 사용하면 된다. 상용로그에 의한 데시벨은 기준 전력 $P_1$와 전력 $P_2$로 다음과 같이 정의한다.

$$P(dB) = 10\log_{10}\frac{P_2}{P_1} \qquad (\mathrm{Ⅱ}.14)$$

위의 정의는 Ⅱ.04 전력비에 의한 dB 정의식 (Ⅱ.1)에 상용로그를 취하고 10을 곱한 것과 같다. 우선 식 (Ⅱ.1)에 상용로그를 취하면

$$\log_{10}\left(\frac{P_2}{P_1}\right) = \log_{10}10^a = \log_{10}10^{\frac{b}{10}}$$

$$= a\log_{10}10 = \frac{b}{10}\log_{10}10 = a = \frac{b}{10} \qquad (\mathrm{Ⅱ}.15)$$

위 식의 결과는 a 벨, $\dfrac{b}{10}$ 벨 또는 b 데시벨이다. 식 (Ⅱ15)에 10을 곱하여 식 (Ⅱ.14)의 형식을 만들면 식 (Ⅱ.15)는 아래와 같이 표현된다.

$$10\log_{10}\left(\frac{P_2}{P_1}\right) = 10a = b \tag{Ⅱ.16}$$

이 결과는 10a 데시벨 또는 b 데시벨이다.

## Ⅱ.12 (배수의 데시벨 dB의 값)

전파 실무에서 배수의 몇 가지 데시벨 값을 기억하고 있으면 전파 관련 계산이나 대강의 비교 추측을 하는 작업에 도움이 된다. Ⅱ.06 (배수의 10의 지수 표현)에서 1배, 2배, 3배, 7배 등의 데시벨 값을 식 (Ⅱ.15)의 정의에 따라 검토해보자.

Ⅱ.06 에서 각 배수의 10의 지수 표기는 다음과 같이 주어졌다.

$$1배: 10^0, \quad 2배: 10^{0.3010}, \quad 3배: 10^{0.4771}, \quad 7배: 10^{0.8451}$$

이 배수에 데시벨의 상용로그 정의 식 (Ⅱ.14)를 적용하면 다음과 같은 결과를 얻는다.

$$10\log 1 = 10\log 10^0 = 10 \times 0 \times \log 10 = 10 \times 0 \times 1 = 0 \text{ dB}$$
$$10\log 2 = 10\log 10^{0.3010} = 10 \times 0.3010 \times \log 10 = 10 \times 0.3010 \times 1 = 3.01 \text{ dB}$$
$$10\log 3 = 10\log 10^{0.4771} = 10 \times 0.4771 \times \log 10 = 10 \times 0.4771 \times 1 = 4.771 \text{ dB}$$
$$10\log 7 = 10\log 10^{0.8451} = 10 \times 0.8451 \times \log 10 = 10 \times 0.8451 \times 1 = 8.451 \text{ dB}$$

$$\tag{Ⅱ.17}$$

## Ⅱ.13 (다른 배수의 데시벨 값 계산)

식 (Ⅱ.17)에서 주어진 2배, 3배, 7배의 dB 값과 로그함수의 성질과 웬만한 배수 데시벨 값을 계산하거나 대략의 값을 추정할 수 있다. 그 반대로 데시벨 값으로 배수를 계산하거나 추정하는 것도 가능하며 전파 실무에서 그러한 상황을 종종 접하게 된다.

$$1) \quad \log_{10}AB = \log_{10}A \, \log_{10}B$$

$$2) \quad \log_{10}\frac{A}{B} = \log_{10}A - \log_{10}B$$

$$3) \quad \log_{10}A^n = n\log_{10}A$$

$$4) \quad \log_{10}10 = 1 \qquad\qquad (\text{II}.18)$$

여기서 A와 B는 모두 양수이다.

### 사례 1)

1배의 경우 식 (II.18)의 성질 2)를 이용한다.[3]

$$10\log1 = 10\log\frac{A}{A} = 10\log A - 10\log A = 0$$

### 사례 2)

5배의 경우 식 (II.18)의 성질 2)를 이용한다.

$$10\log5 = 10\log\frac{10}{2} = 10\log10 - 10\log2 = 10 - 3.01 = 6.99 \approx 7\,\text{dB}$$

### 사례 3)

6배의 경우 식 (II.18)의 성질 1)을 이용한다.

$$10\log6 = 10\log(2\times3) = 10\log2 + 10\log3 = 3.010 + 4.771 = 7.781\,\text{dB}$$

### 사례 4)

9배의 경우 식 (II.18)의 성질 3)을 이용한다.

$$10\log9 = 10\log9^2 = 2\times10\log3 = 2\times4.771\,dB = 9.542\,\text{dB}$$

---

3) 상용로그의 경우 밑을 생략하여 쓴다. $\log_{10}A \equiv \log A$

**사례 5)**

11배가 몇 dB인지 추정하자.

10 < 11 < 12 이므로

$10\log10 = 10$ dB 이고

$10\log12 = 10\log(2^2 \times 3) = 2 \times 10\log2 + 10\log3 = 2 \times 3.010 + 4.771 = 10.791$ dB

그러므로 11배는 10dB보다 크고 10.791dB 보다 작다고 추정한다.


## Ⅱ.14 (사례: 데시벨로 다른 양들의 비교)

데시벨은 상대 비교이기 때문에 꼭 전파의 전력이나 전압에 국한될 필요는 없다. 재미있는 예로 나이를 dB로 비교하자. 현재의 나이를 L이라 하고 평균 기대 수명을 $L_E$라 하고 현재 나이를 기준으로 기대 수명의 비는 몇 dB인지 계산해보자. 정의에 따라 현재 나이 기준으로 기대 수명은 $10\log\left(\dfrac{L_E}{L}\right)$ 데시벨이다. 만일 기대 수명이 80이고 현재 나이가 20이면

$$10\log\left(\frac{80}{20}\right) = 10\log4 = 10\log2^2 \equiv 2 \times 10\log2 = 2 \times 3.01 = 6.02 \text{ dB}$$

현재 나이가 30이면

$$10\log\left(\frac{80}{30}\right) = 10\log\left(\frac{8}{3}\right) = 10\log2^3 - 10\log3 = 3 \times 3.01 - 4.771 = 4.259 \text{ dB}$$

현재 나이가 40이면

$$10\log\left(\frac{80}{40}\right) = 10\log2 = 3.01 \text{ dB}$$

현재 나이가 50이면

$$10\log\left(\frac{80}{50}\right) = 10\log\left(\frac{8}{5}\right) = 10\log\left(\frac{2^4}{10}\right) = 4 \times 10\log2 - 10\log10 = 4 \times 3.01 - 10 = 2.04 \text{ dB}$$

현재 나이가 60이면

$$10\log\left(\frac{80}{60}\right) = 10\log\left(\frac{4}{3}\right) = 2 \times 10\log2 - 10\log3 = 2 \times 3.01 - 4.771 = 1.249 \text{ dB}$$

# 중심극한정리

## III.1 중심극한정리의 정의

중심극한정리(central limit theorem)는 통계학과 확률론에서 중요한 정리로, 독립적이고 동일한 분포를 따르는 랜덤변수들의 합이 정규분포를 따른다는 것을 말하며 표본의 크기가 충분히 클 때 적용된다.

중심극한정리는 다음과 같이 표현될 수 있다. 독립적이고 동일한 분포(independent and identically distributed 또는 i.i.d)를 따르는 랜덤변수 $X_1, X_2, \cdots, X_n$이 있고, 이들은 각각 평균 $\mu$와 분산 $\sigma^2$를 가진다. 랜덤변수의 합은 다음과 같이 정의된다.

$$S_n = X_1 + X_2 + \cdots + X_n = \sum_{i=1}^{n} X_i \tag{III.1}$$

중심극한정리: 표본의 크기 $n$이 충분히 클 경우, 랜덤변수의 합 $S$의 분포는 평균 $n\mu$와 분산 $n\sigma^2$을 가지는 정규분포로 근사된다. 즉,

$$S_n \sim N\left(n\mu, n\sigma^2\right) \tag{III.2}$$

이를 이용하면 랜덤변수들의 표본평균은 평균 $\mu$와 분산 $\sigma^2/n$을 가지는 정규분포로 근사되고

$$\frac{1}{n} \sum_{i=1}^{n} X_i \sim N\left(\mu, \frac{\sigma^2}{n}\right) \tag{III.3}$$

정규화된 합은 표준정규분포로 근사된다는 것을 알 수 있다.

$$\sum_{i=1}^{n}\left(\frac{X_i - \mu}{\sigma\sqrt{n}}\right) \sim N\left(0, \frac{1}{n}\right) \qquad\text{(III.4)}$$

중심극한정리는 다음과 같은 의미와 중요성을 갖는다.

① 중심극한정리는 다양한 분포를 따르는 랜덤변수들의 합이나 평균이 정규분포로 근사될 수 있음을 보여준다. 이는 실제 데이터 분석에서 정규분포를 적용할 수 있는 이론적 근거가 된다.
② 표본평균이 정규분포를 따르므로, 신뢰 구간 설정 등에 중요한 역할을 한다.
③ 실제 데이터가 완전히 정규분포를 따르지 않더라도, 표본 크기가 충분히 클 경우 중심극한정리에 의해 정규분포로 근사할 수 있다.


## III.2 중심극한정리의 유도

중심극한정리를 유도하기 위해 먼저 모멘트생성함수(moment generating function)에 대해 살펴보자. 모멘트생성함수는 확률 이론에서 확률변수의 기댓값, 확률변수의 제곱의 기댓값 등 확률변수의 모멘트를 나타내기 위해 사용되는 함수이다. 이는 평균과 분산과 같은 파라미터를 찾는 데 유용하며, 특히 중심극한정리와 같은 극한 정리를 증명하는 데에도 사용된다.

모멘트생성함수 $M_X(t)$는 다음과 같이 정의된다.

$$M_X(t) = E\left[e^{tX}\right] \qquad\text{(III.5)}$$

여기서 $t$는 실수이다. 모멘트생성함수는 다음과 같은 성질을 가지고 있다.

① $t = 0$을 포함하는 어떤 열린 구간에서 기댓값 $E\left[e^{tX}\right]$이 유한하다면, $M_X(t)$가 존재한다.
② 모멘트생성함수를 $t = 0$에서 $n$차 미분하면 확률변수의 $n$차 모멘트가 된다.

$$E\left[e^{tX}\right] = M_X^{(n)}(0) \qquad\text{(III.6)}$$

③ 모멘트생성함수가 $t = 0$을 포함하는 어떤 열린 구간에서 존재한다면, 해당 모멘트생 성함수는 확률변수 $X$를 유일하게 결정한다. 즉, 두 확률변수가 동일한 모멘트생성함 수를 가질 경우, 두 확률변수는 동일한 분포를 가진다.

일례로 평균이 $\mu$이고 분산 $\sigma^2$인 정규분포 $X$의 모멘트생성함수는 다음과 같다.

$$M_X(t) = E\left[e^{tX}\right] = e^{t\mu + \frac{t^2}{2}\sigma^2} \tag{III.7}$$

식 (III.5)를 $t = 0$에서 한 번 미분하면

$$M_X{}'(t) = \left(\mu + t\sigma^2\right) e^{t\mu + \frac{t^2}{2}\sigma^2} \tag{III.8}$$

$$M_X{}'(0) = \mu \tag{III.9}$$

이 되고, 이는 $E[X] = \mu$ 즉, 기댓값이다. 식 (III.6)을 $t = 0$에서 한 번 더 미분하면

$$M_X{}''(t) = \sigma^2 e^{t\mu + \frac{t^2}{2}\sigma^2} + \left(\mu + t\sigma^2\right)^2 e^{t\mu + \frac{t^2}{2}\sigma^2} \tag{III.10}$$

$$M_X{}''(0) = \sigma^2 + \mu^2 \tag{III.11}$$

이 되고, 이는 $E[X^2] = \sigma^2 + \mu^2$ 즉, 제곱의 기댓값이다.

이제 평균이 $\mu$이고 분산 $\sigma^2$인 독립적이고 동일한 분포의 확률변수 $X_1, X_2, \cdots, X_n$을 이용하 여 중심극한정리를 유도해보자. 먼저 확률변수들에 $\mu$만큼의 축 이동을 수행하여 확률변수 $Y_1, Y_2, \cdots, Y_n$을 정의한다. 즉,

$$Y_1 = X_1 - \mu, \ \ Y_2 = X_2 - \mu, \ \cdots, \ \ Y_n = X_n - \mu \tag{III.12}$$

식 (III.12)에 의해서 축 이동된 확률변수들은 모두 평균이 0이고 분산 $\sigma^2$인 독립적이고 동일

한 분포이다. 따라서 이들은 동일한 모멘트생성함수를 가진다. 즉,

$$M_{Y_1}(t) = M_{Y_2}(t) = \cdots = M_{Y_n}(t) = M_Y(t) \tag{III.13}$$

축 이동된 확률변수들의 합은 다음과 같이 나타낼 수 있다.

$$S_0 = Y_1 + Y_2 + \cdots + Y_n = \sum_{i=1}^{n} Y_i \tag{III.14}$$

확률변수 $S_0$의 모멘트생성함수는 다음과 같이 정의된다.

$$M_{S_0}(t) = E\left[e^{tS_0}\right] \tag{III.15}$$

확률변수 $Y_1$, $Y_2$, $\cdots$, $Y_n$은 독립이고 동일한 분포를 가지므로 식 (III.15)은 다음과 같이 나타낼 수 있다.

$$\begin{aligned}
M_{S_0}(t) &= E\left[e^{tS_0}\right] = E\left[e^{t(Y_1 + Y_2 + \cdots + Y_n)}\right] \\
&= E\left[e^{tY_1}e^{tY_2}\cdots e^{tY_n}\right] = E\left[e^{tY_1}\right]E\left[e^{tY_2}\right]\cdots E\left[e^{tY_n}\right] \\
&= \left(E\left[e^{tY}\right]\right)^n = \left[M_Y(t)\right]^n
\end{aligned} \tag{III.16}$$

지수함수 $e^x$를 $x = 0$ 부근에서 테일러급수로 전개하면

$$e^x = 1 + x + \frac{x^2}{2!} + \frac{x^3}{3!} + \cdots \tag{III.17}$$

와 같으므로 $t = 0$ 부근에서 모멘트생성함수 $M_Y(t)$는 다음과 같다.

$$\begin{aligned}
M_Y(t) &= E\left[e^{tY}\right] = E\left[1 + tY + \frac{(tY)^2}{2!} + \frac{(tY)^3}{3!} + \cdots\right] \\
&= 1 + tE[Y] + \frac{t^2}{2}E[Y^2] + \cdots
\end{aligned} \tag{III.18}$$

식 (Ⅲ.18)에서 $E[Y] = 0$, $E[Y^2] = \sigma^2 + (E[Y])^2 = \sigma^2$임을 적용하고, 고차 항을 무시하면 다음과 같이 나타낼 수 있다.

$$M_Y(t) \simeq 1 + \frac{t^2}{2}\sigma^2 \tag{Ⅲ.19}$$

식 (Ⅲ.16)과 식 (Ⅲ.19)를 이용하면 축 이동된 확률변수들의 모멘트생성함수는 다음과 같이 나타낼 수 있다.

$$M_{S_0}(t) = \left[1 + \frac{t^2}{2}\sigma^2\right]^n \tag{Ⅲ.20}$$

식 (Ⅲ.7)로부터 평균이 0이고 분산 $n\sigma^2$인 정규분포의 모멘트생성함수는 다음과 같다는 것을 알 수 있다.

$$M_X(t) = e^{\frac{t^2}{2}n\sigma^2} \tag{Ⅲ.21}$$

이를 $t = 0$ 부근에서 테일러급수로 전개하고 고차 항을 무시하면

$$M_X(t) = e^{\frac{t^2}{2}n\sigma^2} = \left[e^{\frac{t^2}{2}\sigma^2}\right]^n \simeq \left[1 + \frac{t^2}{2}\sigma^2\right]^n = M_{S_0}(t) \tag{Ⅲ.22}$$

즉, 축 이동된 확률변수들의 모멘트생성함수는 평균이 0이고 분산 $n\sigma^2$인 정규분포의 모멘트생성함수로 근사된다. 모멘트생성함수의 성질에 따라 두 확률변수가 동일한 모멘트생성함수를 가질 경우, 두 확률변수는 동일한 분포를 가진다. 따라서, 축 이동된 확률변수들의 합 $S_0$는 평균이 0이고 분산 $n\sigma^2$인 정규분포를 가진다. 즉,

$$\sum_{i=1}^{n}(X_i - \mu) \sim N(0, n\sigma^2) \tag{Ⅲ.23}$$

이 분포의 평균은 0이므로

$$E\left[\sum_{i=1}^{n}(X_i - \mu)\right] = E\left[\sum_{i=1}^{n}(X_i) - n\mu\right] = E\left[\sum_{i=1}^{n}(X_i)\right] - n\mu = 0 \tag{III.24}$$

로부터 랜덤변수의 합의 기댓값은 $n\mu$이다. 즉,

$$E\left[\sum_{i=1}^{n}X_i\right] = n\mu \tag{III.25}$$

따라서 확률변수의 합은 평균이 $n\mu$이고 분산 $n\sigma^2$인 정규분포를 갖는다.

$$\sum_{i=1}^{n}X_i \sim N(n\mu, n\sigma^2) \tag{III.26}$$

또한 표본평균과 정규화된 확률변수의 합은 각각 다음과 같이 근사된다.

$$\frac{1}{n}\sum_{i=1}^{n}X_i \sim N\left(\mu, \frac{\sigma^2}{n}\right) \tag{III.27}$$

$$\sum_{i=1}^{n}\left(\frac{X_i - \mu}{\sigma\sqrt{n}}\right) \sim N\left(0, \frac{1}{n}\right) \tag{III.28}$$

# 정규분포식의 유도

## IV.1 정규분포 확률밀도 함수의 기본 형태

정규분포의 확률밀도 함수는 다음과 같은 식으로 표현된다.

$$f(x) = \frac{1}{\sqrt{2\pi\sigma^2}}\, e^{-\frac{(x-\mu)^2}{2\sigma^2}} \tag{IV.1}$$

여기서 $\mu$는 분포의 평균, $\sigma^2$는 분포의 분산, $\pi$는 원주율, $e$는 오일러 수(Euler's number)로서 $e \simeq 2.71828$이다. 이와 같은 정규분포를 유도하는 데 다양한 방법이 있겠지만, 여기서는 다음과 같은 접근법을 사용한다.

변수 $X$에 대한 $n$개의 측정값을 $x_1, x_2, \cdots, x_n$이라고 하고, $X$의 확률밀도 함수를 $f_X(x)$라고 하자. 이들 측정값에서 동일한 값 $\mu$를 빼주면 새로운 확률변수에 대해 다음과 같은 값들을 정의할 수 있다.

$$\beta_1 = x_1 - \mu, \ \ \beta_2 = x_2 - \mu, \ \cdots, \ \beta_2 = x_2 - \mu \tag{IV.2}$$

이들의 확률밀도 함수를 $f(\beta)$라고 하면, 확률값들은 다음과 같다.

$$f(\beta_1) = f_X(x_1), \ f(\beta_2) = f_X(x_2), \ \cdots, \ f(\beta_n) = f_X(x_n) \tag{IV.3}$$

측정값이 $x_1, x_2, \cdots, x_n$로 발생할 확률은 다음과 같이 곱에 의해 주어진다.

$$P = f(\beta_1) f(\beta_2) \cdots f(\beta_n) \tag{IV.4}$$

$\beta_1, \beta_2, \cdots, \beta_n$ 및 $P$는 $\mu$의 함수이며 전 영역에서 연속이고 미분 가능하다고 가정하자. 여기서 $\beta_1, \beta_2, \cdots, \beta_n$ 의 제곱합 $\beta_1^2 + \beta_2^2 + \cdots + \beta_n^2$ 이 최소라는 조건을 가질 때, 확률의 곱 $P$가 최대가 되는 $\mu$값이 있다고 할 때, 확률밀도 함수 $f(\beta)$의 형태를 찾아보자.

확률 모두 양수이므로, $P$의 최대점은 $\ln P$가 최대인 점과 같다. 따라서 여기서는 다음과 같이 새로운 변수를 정의한다.

$$\Phi = \ln P = \ln f(\beta_1) + \ln f(\beta_2) + \cdots + \ln f(\beta_n) \tag{IV.5}$$

또한 $\beta_1, \beta_2, \cdots, \beta_n$ 의 제곱합은 다음과 같이 정의한다.

$$Q = \beta_1^2 + \beta_2^2 + \cdots + \beta_n^2 \tag{IV.6}$$

라그랑주 미정계수법은 제약 조건이 주어졌을 때 함수의 최댓값 또는 최솟값을 찾는 방법이다. 여기서는 다음과 같이 라그랑주 함수를 정의한다.

$$\Phi + \frac{\lambda}{2} Q \tag{IV.7}$$

여기서 라그랑주 미정계수 $\lambda$는 상수이다. 식 (IV.7)을 $\mu$로 미분하면 다음과 같다.

$$\frac{d\Phi}{d\mu} + \frac{\lambda}{2} \frac{dQ}{d\mu} = 0 \tag{IV.8}$$

여기서

$$\frac{d\Phi}{d\mu} = \frac{f'(\beta_1)}{f(\beta_1)} \frac{d\beta_1}{d\mu} + \frac{f'(\beta_2)}{f(\beta_2)} \frac{d\beta_2}{d\mu} + \cdots + \frac{f'(\beta_n)}{f(\beta_n)} \frac{d\beta_n}{d\mu} \tag{IV.9}$$

$$= \sum_{i=1}^{n} \frac{f'(\beta_i)}{f(\beta_i)} \frac{d\beta_i}{d\mu}$$

이고

$$\frac{dQ}{d\mu} = 2\beta_1 \frac{d\beta_1}{d\mu} + 2\beta_2 \frac{d\beta_2}{d\mu} + \cdots + 2\beta_n \frac{d\beta_n}{d\mu} = 2 \sum_{i=1}^{n} \beta_i \frac{d\beta_i}{d\mu} \tag{IV.10}$$

이므로 미분식은 다음과 같이 나타낼 수 있다.

$$\begin{aligned}
\frac{d\Phi}{d\mu} + \frac{\lambda}{2}\frac{dQ}{d\mu} &= \sum_{i=1}^{n} \frac{f'(\beta_i)}{f(\beta_i)} \frac{d\beta_i}{d\mu} + \lambda \sum_{i=1}^{n} \beta_i \frac{d\beta_i}{d\mu} \\
&= \sum_{i=1}^{n} \left( \frac{f'(\beta_i)}{f(\beta_i)} + \lambda\beta_i \right) \frac{d\beta_i}{d\mu} = 0
\end{aligned} \tag{IV.11}$$

위 식은 모든 $i$에 대해서

$$\frac{f'(\beta_i)}{f(\beta_i)} + \lambda\beta_i = 0 \tag{IV.12}$$

일 경우 만족된다. 각 $i$에 대하여 식 (IV.12)는 다음과 같이 쓰일 수 있다.

$$\frac{1}{f(\beta_i)} \frac{df(\beta_i)}{d\beta_i} = -\lambda\beta_i \tag{IV.13}$$

이를 다음과 같이 적분하면

$$\int \frac{1}{f(\beta_i)} \frac{df(\beta_i)}{d\beta_i} d\beta_i = -\int \lambda\beta_i \, d\beta_i \tag{IV.14}$$

다음을 얻을 수 있다.

$$\ln\left[f(\beta_i)\right] = -\frac{\lambda}{2}\beta_i^2 + C \tag{IV.15}$$

또는

$$f\left(\beta_i\right) = e^{-\frac{\lambda}{2}\beta_i^2 + C} = A\,e^{-\frac{\lambda}{2}\beta_i^2} \tag{IV.16}$$

여기서 $C$는 적분상수이고, 계수 $A = e^C$이다. 이를 통해 확률밀도 함수의 기본 형태를 알 수 있다.

확률의 곱 $P$ 또는 확률의 곱에 로그를 취한 $\Phi$가 최대가 되도록 $\lambda$를 선택해보자. 최댓값이 되려면,

$$\frac{d\Phi}{d\mu} = 0 \tag{IV.17}$$

그리고

$$\frac{d^2\Phi}{d\mu^2} < 0 \tag{IV.18}$$

을 만족하여야 한다. 식 (IV.17)은 식 (IV.9)로부터 계산할 수 있는데,

$$f'\left(\beta_i\right) = \frac{df(\beta_i)}{d\beta_i} = -A\,\lambda\,\beta_i e^{\frac{\lambda}{2}\beta_i^2} \tag{IV.19}$$

$$\frac{f'\left(\beta_i\right)}{f\left(\beta_i\right)} = \frac{-A\,\lambda\,\beta_i e^{\frac{\lambda}{2}\beta_i^2}}{A\,e^{\frac{\lambda}{2}\beta_i^2}} = -\lambda\,\beta_i \tag{IV.20}$$

$$\frac{d\beta_i}{d\mu} = \frac{d}{d\mu}\left(x_i - \mu\right) = -1 \tag{IV.21}$$

이므로

$$\frac{d\Phi}{d\mu} = \sum_{i=1}^{n}\lambda\,\beta_i \tag{IV.22}$$

가 된다. 이를 다시 한번 $\mu$ 로 미분하면

$$\frac{d^2\Phi}{d\mu^2} = \sum_{i=1}^{n} \lambda \frac{d\beta_i}{d\mu} = -\sum_{i=1}^{n} \lambda = -n\lambda \qquad \text{(IV.23)}$$

이 된다. 식 (IV.18)을 만족하기 위해서는 $\lambda$ 는 양수임을 알 수 있다.

　계수 $A = e^C$ 는 확률밀도 함수의 성질을 이용하여 구할 수 있다. 즉, $f(\beta)$ 는 확률밀도 함수이므로 다음을 만족한다.

$$\int_{-\infty}^{\infty} f(\beta)\, d\beta = \int_{-\infty}^{\infty} A\, e^{-\frac{\lambda}{2}\beta^2}\, d\beta = 1 \qquad \text{(IV.24)}$$

이 적분을 수행하기 위해 다음과 같은 치환을 고려해보자.

$$u = \sqrt{\frac{\lambda}{2}}\,\beta \qquad \text{(IV.25)}$$

$$du = \sqrt{\frac{\lambda}{2}}\,d\beta \qquad \text{(IV.26)}$$

이를 식 (IV.24)에 대입하면 다음과 같은 식을 얻는다.

$$\int_{-\infty}^{\infty} A\, e^{-\frac{\lambda}{2}\beta^2}\, d\beta = A\,\sqrt{\frac{2}{\lambda}} \int_{-\infty}^{\infty} e^{-u^2}\, du = 1 \qquad \text{(IV.27)}$$

여기서 적분 부분만 고려하여

$$I = \int_{-\infty}^{\infty} e^{-u^2}\, du \qquad \text{(IV.28)}$$

라고 정의하면, 적분변수 $u$ 를 $v$ 로 나타내더라도 적분값에는 변화가 없으므로 식 (IV.28)은

$$I = \int_{-\infty}^{\infty} e^{-v^2} dv \tag{IV.29}$$

로도 표현할 수 있다. 따라서 적분 값의 제곱은 다음과 같이 이중적분으로 표현할 수 있다.

$$I^2 = \int_{-\infty}^{\infty} e^{-u^2} du \times \int_{-\infty}^{\infty} e^{-v^2} dv \tag{IV.30}$$

$$= \int_{-\infty}^{\infty} \int_{-\infty}^{\infty} e^{-u^2} e^{-v^2} du\,dv = \int_{-\infty}^{\infty} \int_{-\infty}^{\infty} e^{-(u^2+v^2)} du\,dv$$

이는 $u-v$ 평면 전 영역($-\infty < u < +\infty$, $-\infty < v < +\infty$)에 대한 적분을 직교좌표계($u$, $v$)에서 수행한 것이다. 이를 원형표계($r-\theta$)에서의 전 영역($0 < r < \infty$, $0 < \theta < 2\pi$) 적분으로 변환할 경우

$$r^2 = u^2 + v^2 \tag{IV.31}$$
$$du\,dv = r\,dr\,d\theta \tag{IV.32}$$

로 치환되고, 식 (IV.30)은 다음과 같이 변환된다.

$$I^2 = \int_{\theta=0}^{2\pi} \int_{r=0}^{\infty} e^{-r^2} r\,dr\,d\theta = 2\pi \int_{r=0}^{\infty} e^{-r^2} r\,dr \tag{IV.33}$$

다시 한번 적분변수를

$$t = r^2 \tag{IV.34}$$

로 치환하면,

$$dt = 2\,r\,dr \tag{IV.35}$$

가 되고, 적분은 다음과 같이 계산될 수 있다.

$$I^2 = 2\pi \int_{t=0}^{\infty} e^{-t}\,\frac{dt}{2} = \pi \left[ -e^{-t} \right]_{t=0}^{t=\infty} = \pi \tag{IV.36}$$

여기서 $I$는 확률밀도 함수의 적분에 관한 것이므로 양수이다. 따라서

$$I = \sqrt{\pi} \tag{IV.37}$$

이다. 식 (IV.24), 식 (IV.27), 식 (IV.28), 식 (IV.37)을 함께 고려하면 다음과 같다.

$$\int_{-\infty}^{\infty} f(\beta)\,d\beta = \int_{-\infty}^{\infty} A\,e^{-\frac{\lambda}{2}\beta^2}\,d\beta = A\sqrt{\frac{2}{\lambda}}\,I = A\sqrt{\frac{2}{\lambda}}\,\sqrt{\pi} = 1 \tag{IV.38}$$

따라서

$$A = \sqrt{\frac{\lambda}{2\pi}} \tag{IV.39}$$

와 같이 계수를 결정할 수 있다. 즉, 확률밀도 함수는 다음과 같이 나타낼 수 있다.

$$f(\beta) = \sqrt{\frac{\lambda}{2\pi}}\,e^{-\frac{\lambda}{2}\beta^2} \tag{IV.40}$$

식 (IV.40)으로 나타난 확률밀도 함수를 식 (IV.2)와 식 (IV.3)에 따라 $x$에 대한 확률밀도 함수로 표현하면, 정규분포 확률밀도 함수의 기본 형태는 다음과 같다.

$$f_X(x) = \sqrt{\frac{\lambda}{2\pi}}\,e^{-\frac{\lambda}{2}(x-\mu)^2} \tag{IV.41}$$

## IV.2 기댓값과 분산

식 (Ⅳ.41)로 구해진 확률밀도 함수의 기댓값은 다음과 같다.

$$\int_{-\infty}^{\infty} x f_X(x)\, dx = \sqrt{\frac{\lambda}{2\pi}} \int_{-\infty}^{\infty} x\, e^{-\frac{\lambda}{2}(x-\mu)^2}\, dx \tag{Ⅳ.42}$$

적분변수를

$$t = \sqrt{\frac{\lambda}{2}}\,(x-\mu) \tag{Ⅳ.43}$$

로 치환하면,

$$dt = \sqrt{\frac{\lambda}{2}}\, dx \tag{Ⅳ.44}$$

이고, 식 (Ⅳ.42)는 다음과 같이 전개된다.

$$\sqrt{\frac{\lambda}{2\pi}} \int_{-\infty}^{\infty} x\, e^{-\frac{\lambda}{2}(x-\mu)^2}\, dx = \sqrt{\frac{\lambda}{2\pi}} \int_{-\infty}^{\infty} \left(\sqrt{\frac{2}{\lambda}}\, t + \mu\right) e^{-t^2} \sqrt{\frac{2}{\lambda}}\, dt \tag{Ⅳ.45}$$

$$= \sqrt{\frac{\lambda}{2\pi}} \left(\frac{2}{\lambda}\right) \int_{-\infty}^{\infty} t\, e^{t^2}\, dt + \sqrt{\frac{1}{\pi}}\, \mu \int_{-\infty}^{\infty} e^{-t^2}\, dt$$

여기서 $t$는 기함수이고 $e^{-\frac{\lambda}{2}t^2}$은 우함수이므로 이 둘의 곱은 기함수이다. 기함수의 대칭성에 의해 전체 실수 구간에서 적분할 경우 그 결과는 0이 되므로 첫 번째 항은 0이다. 두 번째 항의 적분은 식 (Ⅳ.28)과 동일한 형태이므로 그 결과는 $\sqrt{\pi}$ 이다. 따라서 식 (Ⅳ.45)는

$$0 + \sqrt{\frac{\lambda}{2\pi}}\, \mu \sqrt{\pi} = \mu \tag{Ⅳ.46}$$

즉, 확률밀도 함수의 기댓값은

$$\int_{-\infty}^{\infty} x f_X(x)\,dx = \mu \tag{IV.47}$$

이다. 따라서 식 (IV.41)의 $\mu$는 기댓값임을 알 수 있다.

식 (IV.41)에 나타난 확률밀도 함수의 분산은 다음과 같다.

$$\int_{-\infty}^{\infty} (x-\mu)^2 f_X(x)\,dx = \sqrt{\frac{\lambda}{2\pi}} \int_{-\infty}^{\infty} (x-\mu)^2 e^{-\frac{\lambda}{2}(x-\mu)^2}\,dx \tag{IV.48}$$

이 식은 다음과 같이 전개될 수 있다. 적분을 위해 식 (IV.43), 식 (IV.44)와 같이 변수 치환을 하면 식 (IV.48)은 다음과 같이 나타낼 수 있다.

$$\int_{-\infty}^{\infty} (x-\mu)^2 f_X(x)\,dx = \frac{2}{\lambda\sqrt{\pi}} \int_{-\infty}^{\infty} t^2 e^{-t^2}\,dt \tag{IV.49}$$

이러한 적분 형태를 가우스적분이라고 하는데, 부분적분을 이용하여 풀 수 있다. 부분적분의 기본 형태는 다음과 같다.

$$\int u\,dv = uv - \int v\,du \tag{IV.50}$$

식 (IV.49)의 적분 부분은 다음과 같이 나타낼 수 있고,

$$I = \int_{-\infty}^{\infty} t^2 e^{-t^2}\,dt = \int_{-\infty}^{\infty} t \cdot t\, e^{-t^2}\,dt \tag{IV.51}$$

$u$와 $dv$는 다음과 같이 설정한다.

$$u = t \tag{IV.52}$$

$$dv = t\,e^{-t^2}\,dt \tag{IV.53}$$

식 (IV.53)으로부터 $v$를 찾기 위해 적분을 수행하면

$$v = \int t\,e^{-t^2}\,dt = -\frac{1}{2}\,e^{-t^2} \tag{IV.54}$$

따라서 식 (IV.51)의 적분은 다음과 같이 전개된다.

$$I = \int_{-\infty}^{\infty} \underbrace{t}_{u} \cdot \underbrace{t\,e^{-t^2}dt}_{dv} = \underbrace{\left[-\frac{t}{2}\,e^{-t^2}\right]_{t=-\infty}^{t=\infty}}_{uv} - \underbrace{\int_{-\infty}^{\infty}\left(-\frac{1}{2}\right)e^{-t^2}dt}_{v\,du} \tag{IV.55}$$

식 (IV.55)의 우변의 두 번째 항은 식 (IV.28)과 동일한 형태이므로,

$$I = 0 + \frac{\sqrt{\pi}}{2} = \frac{\sqrt{\pi}}{2} \tag{IV.56}$$

이 된다. 따라서 식 (IV.49), 식 (IV.51), 식 (IV.56)으로부터

$$\int_{-\infty}^{\infty} (x-\mu)^2 f_X(x)\,dx = \frac{1}{\lambda}$$

즉, 미정계수 $\lambda$는 분산의 역수, 즉

$$\lambda = \frac{1}{\sigma^2} \tag{IV.57}$$

임을 알 수 있다. 따라서 식 (IV.41)로부터 정규분포의 확률밀도 함수는 최종적으로 다음과 같다.

$$f_X(x) = \sqrt{\frac{1}{2\pi\sigma^2}}\, e^{-\frac{(x-\mu)^2}{2\sigma^2}} \tag{IV.58}$$

이는 식 (IV.1)과 동일하다.


## IV.3 Z - Table

평균이 $\mu = 0$이고 분산이 $\sigma^2 = 1$인 정규분포를 표준정규분포(standard normal distribution)라 하고, 확률밀도 함수는 다음과 같다.

$$f_Z(z) = \frac{1}{\sqrt{2\pi}}\, e^{-\frac{z^2}{2}} \tag{IV.59}$$

누적분포 함수는 다음과 같다.

$$F_Z(z) = \frac{1}{\sqrt{2\pi}} \int_{-\infty}^{z} e^{-\frac{t^2}{2}}\, dt \tag{IV.60}$$

누적분포 함수에 대한 값들을 표 IV.1에 정리하였다.

표 IV.1은 세로축 값을 먼저 읽고, 가로축 값을 더하여 사용한다. 즉, $F_Z(0.24)$를 구하고 싶은 경우 $F_Z(0.24) = F_Z(0.2 + 0.04)$와 같이 세로축에서 0.2를 찾고 가로축에서 0.04를 찾아

$$F_Z(0.24) = F_Z(0.2 + 0.04) = 0.5948349 \tag{IV.61}$$

와 같이 읽어내면 된다.

표 IV.1에는 $z \geq 0$인 경우에 대해서만 나와 있다. 그러나 $z < 0$인 경우에 대해서는 다음과 같이 계산한다.

$$F_Z(-z_0) = 1 - F_Z(z_0) \tag{IV.62}$$

이와 같은 관계를 이용할 수 있다. 예를 들어 $F_Z(-0.24)$를 구하고자 하는 경우

$$F_Z(-0.24) = 1 - F_Z(+0.24) \tag{IV.63}$$

예를 들면 $P(Z < -0.24)$을 구할 때는 다음과 같이 계산이 가능하다.

$$P(Z < -0.24) = F_Z(-0.24) = 1 - F_Z(+0.24) \tag{IV.64}$$
$$= 1 - 0.5948349 = 0.4051651$$

표준정규분포가 아닌 경우 즉, 평균이 $\mu$이고 분산이 $\sigma^2$인 정규분포에 대해서는 다음과 같이 선형 변환하여 계산한다.

$$z = \frac{x - \mu}{\sigma} \tag{IV.65}$$

$$P(x_1 < x < x_2) = P\left(\frac{x_1 - \mu}{\sigma} < z < \frac{x_2 - \mu}{\sigma}\right) \tag{IV.66}$$
$$= F_Z\left(\frac{x_2 - \mu}{\sigma}\right) - F_Z\left(\frac{x_1 - \mu}{\sigma}\right)$$

표 IV.1은 공학용 계산 소프트웨어를 이용하여 만들 수 있다. 다음은 표준정규분포에 대한 누적분포 함수를 구현하는 예이다.

| | |
|---|---|
| C: | 0.5 + 0.5 * erf(z / sqrt(2.0)) |
| Fortran: | 0.5 + 0.5 * erf(z / sqrt(2.0)) |
| Python: | 0.5 + 0.5 * erf(z / math.sqrt(2)) |
| MATLAB: | 0.5 + 0.5 * erf(z / sqrt(2)) |
| Mathematica: | 0.5 + 0.5 * Erf[z / Sqrt[2]] |
| Excel: | 0.5 + 0.5 * ERF(0, z / SQRT(2)) |

| $z$ | +0 | +0.01 | +0.02 | +0.03 | +0.04 | +0.05 | +0.06 | +0.07 | +0.08 | +0.09 |
|---|---|---|---|---|---|---|---|---|---|---|
| 0.0 | 0.5000000 | 0.5039894 | 0.5079783 | 0.5119665 | 0.5159534 | 0.5199388 | 0.5239222 | 0.5279032 | 0.5318814 | 0.5358564 |
| 0.1 | 0.5398278 | 0.5437953 | 0.5477584 | 0.5517168 | 0.5556700 | 0.5596177 | 0.5635595 | 0.5674949 | 0.5714237 | 0.5753454 |
| 0.2 | 0.5792597 | 0.5831662 | 0.5870644 | 0.5909541 | 0.5948349 | 0.5987063 | 0.6025681 | 0.6064199 | 0.6102612 | 0.6140919 |
| 0.3 | 0.6179114 | 0.6217195 | 0.6255158 | 0.6293000 | 0.6330717 | 0.6368307 | 0.6405764 | 0.6443088 | 0.6480273 | 0.6517317 |
| 0.4 | 0.6554217 | 0.6590970 | 0.6627573 | 0.6664022 | 0.6700314 | 0.6736448 | 0.6772419 | 0.6808225 | 0.6843863 | 0.6879331 |
| 0.5 | 0.6914625 | 0.6949743 | 0.6984682 | 0.7019440 | 0.7054015 | 0.7088403 | 0.7122603 | 0.7156612 | 0.7190427 | 0.7224047 |
| 0.6 | 0.7257469 | 0.7290691 | 0.7323711 | 0.7356527 | 0.7389137 | 0.7421539 | 0.7453731 | 0.7485711 | 0.7517478 | 0.7549029 |
| 0.7 | 0.7580363 | 0.7611479 | 0.7642375 | 0.7673049 | 0.7703500 | 0.7733726 | 0.7763727 | 0.7793501 | 0.7823046 | 0.7852361 |
| 0.8 | 0.7881446 | 0.7910299 | 0.7938919 | 0.7967306 | 0.7995458 | 0.8023375 | 0.8051055 | 0.8078498 | 0.8105703 | 0.8132671 |
| 0.9 | 0.8159399 | 0.8185887 | 0.8212136 | 0.8238145 | 0.8263912 | 0.8289439 | 0.8314724 | 0.8339768 | 0.8364569 | 0.8389129 |
| 1.0 | 0.8413447 | 0.8437524 | 0.8461358 | 0.8484950 | 0.8508300 | 0.8531409 | 0.8554277 | 0.8576903 | 0.8599289 | 0.8621434 |
| 1.1 | 0.8643339 | 0.8665005 | 0.8686431 | 0.8707619 | 0.8728568 | 0.8749281 | 0.8769756 | 0.8789995 | 0.8809999 | 0.8829768 |
| 1.2 | 0.8849303 | 0.8868606 | 0.8887676 | 0.8906514 | 0.8925123 | 0.8943502 | 0.8961653 | 0.8979577 | 0.8997274 | 0.9014747 |
| 1.3 | 0.9031995 | 0.9049021 | 0.9065825 | 0.9082409 | 0.9098773 | 0.9114920 | 0.9130850 | 0.9146565 | 0.9162067 | 0.9177356 |
| 1.4 | 0.9192433 | 0.9207302 | 0.9221962 | 0.9236415 | 0.9250663 | 0.9264707 | 0.9278550 | 0.9292191 | 0.9305634 | 0.9318879 |
| 1.5 | 0.9331928 | 0.9344783 | 0.9357445 | 0.9369916 | 0.9382198 | 0.9394292 | 0.9406201 | 0.9417924 | 0.9429466 | 0.9440826 |
| 1.6 | 0.9452007 | 0.9463011 | 0.9473839 | 0.9484493 | 0.9494974 | 0.9505285 | 0.9515428 | 0.9525403 | 0.9535213 | 0.9544860 |
| 1.7 | 0.9554345 | 0.9563671 | 0.9572838 | 0.9581849 | 0.9590705 | 0.9599408 | 0.9607961 | 0.9616364 | 0.9624620 | 0.9632730 |
| 1.8 | 0.9640697 | 0.9648521 | 0.9656205 | 0.9663750 | 0.9671159 | 0.9678432 | 0.9685572 | 0.9692581 | 0.9699460 | 0.9706210 |
| 1.9 | 0.9712834 | 0.9719334 | 0.9725711 | 0.9731966 | 0.9738102 | 0.9744119 | 0.9750021 | 0.9755808 | 0.9761482 | 0.9767045 |
| 2.0 | 0.9772499 | 0.9777844 | 0.9783083 | 0.9788217 | 0.9793248 | 0.9798178 | 0.9803007 | 0.9807738 | 0.9812372 | 0.9816911 |
| 2.1 | 0.9821356 | 0.9825708 | 0.9829970 | 0.9834142 | 0.9838226 | 0.9842224 | 0.9846137 | 0.9849966 | 0.9853713 | 0.9857379 |
| 2.2 | 0.9860966 | 0.9864474 | 0.9867906 | 0.9871263 | 0.9874545 | 0.9877755 | 0.9880894 | 0.9883962 | 0.9886962 | 0.9889893 |
| 2.3 | 0.9892759 | 0.9895559 | 0.9898296 | 0.9900969 | 0.9903581 | 0.9906133 | 0.9908625 | 0.9911060 | 0.9913437 | 0.9915758 |
| 2.4 | 0.9918025 | 0.9920237 | 0.9922397 | 0.9924506 | 0.9926564 | 0.9928572 | 0.9930531 | 0.9932443 | 0.9934309 | 0.9936128 |
| 2.5 | 0.9937903 | 0.9939634 | 0.9941323 | 0.9942969 | 0.9944574 | 0.9946139 | 0.9947664 | 0.9949151 | 0.9950600 | 0.9952012 |
| 2.6 | 0.9953388 | 0.9954729 | 0.9956035 | 0.9957308 | 0.9958547 | 0.9959754 | 0.9960930 | 0.9962074 | 0.9963189 | 0.9964274 |
| 2.7 | 0.9965330 | 0.9966358 | 0.9967359 | 0.9968333 | 0.9969280 | 0.9970202 | 0.9971099 | 0.9971972 | 0.9972821 | 0.9973646 |
| 2.8 | 0.9974449 | 0.9975229 | 0.9975988 | 0.9976726 | 0.9977443 | 0.9978140 | 0.9978818 | 0.9979476 | 0.9980116 | 0.9980738 |
| 2.9 | 0.9981342 | 0.9981929 | 0.9982498 | 0.9983052 | 0.9983589 | 0.9984111 | 0.9984618 | 0.9985110 | 0.9985588 | 0.9986051 |
| 3.0 | 0.9986501 | 0.9986938 | 0.9987361 | 0.9987772 | 0.9988171 | 0.9988558 | 0.9988933 | 0.9989297 | 0.9989650 | 0.9989992 |
| 3.1 | 0.9990324 | 0.9990646 | 0.9990957 | 0.9991260 | 0.9991553 | 0.9991836 | 0.9992112 | 0.9992378 | 0.9992636 | 0.9992886 |
| 3.2 | 0.9993129 | 0.9993363 | 0.9993590 | 0.9993810 | 0.9994024 | 0.9994230 | 0.9994429 | 0.9994623 | 0.9994810 | 0.9994991 |
| 3.3 | 0.9995166 | 0.9995335 | 0.9995499 | 0.9995658 | 0.9995811 | 0.9995959 | 0.9996103 | 0.9996242 | 0.9996376 | 0.9996505 |
| 3.4 | 0.9996631 | 0.9996752 | 0.9996869 | 0.9996982 | 0.9997091 | 0.9997197 | 0.9997299 | 0.9997398 | 0.9997493 | 0.9997585 |
| 3.5 | 0.9997674 | 0.9997759 | 0.9997842 | 0.9997922 | 0.9997999 | 0.9998074 | 0.9998146 | 0.9998215 | 0.9998282 | 0.9998347 |
| 3.6 | 0.9998409 | 0.9998469 | 0.9998527 | 0.9998583 | 0.9998637 | 0.9998689 | 0.9998739 | 0.9998787 | 0.9998834 | 0.9998879 |

| $z$ | +0 | +0.01 | +0.02 | +0.03 | +0.04 | +0.05 | +0.06 | +0.07 | +0.08 | +0.09 |
|---|---|---|---|---|---|---|---|---|---|---|
| 3.7 | 0.9998922 | 0.9998964 | 0.9999004 | 0.9999043 | 0.9999080 | 0.9999116 | 0.9999150 | 0.9999184 | 0.9999216 | 0.9999247 |
| 3.8 | 0.9999277 | 0.9999305 | 0.9999333 | 0.9999359 | 0.9999385 | 0.9999409 | 0.9999433 | 0.9999456 | 0.9999478 | 0.9999499 |
| 3.9 | 0.9999519 | 0.9999539 | 0.9999557 | 0.9999575 | 0.9999593 | 0.9999609 | 0.9999625 | 0.9999641 | 0.9999655 | 0.9999670 |
| 4.0 | 0.9999683 | 0.9999696 | 0.9999709 | 0.9999721 | 0.9999733 | 0.9999744 | 0.9999755 | 0.9999765 | 0.9999775 | 0.9999784 |
| 4.1 | 0.9999793 | 0.9999802 | 0.9999811 | 0.9999819 | 0.9999826 | 0.9999834 | 0.9999841 | 0.9999848 | 0.9999854 | 0.9999861 |
| 4.2 | 0.9999867 | 0.9999872 | 0.9999878 | 0.9999883 | 0.9999888 | 0.9999893 | 0.9999898 | 0.9999902 | 0.9999907 | 0.9999911 |
| 4.3 | 0.9999915 | 0.9999918 | 0.9999922 | 0.9999925 | 0.9999929 | 0.9999932 | 0.9999935 | 0.9999938 | 0.9999941 | 0.9999943 |
| 4.4 | 0.9999946 | 0.9999948 | 0.9999951 | 0.9999953 | 0.9999955 | 0.9999957 | 0.9999959 | 0.9999961 | 0.9999963 | 0.9999964 |
| 4.5 | 0.9999966 | 0.9999968 | 0.9999969 | 0.9999971 | 0.9999972 | 0.9999973 | 0.9999974 | 0.9999976 | 0.9999977 | 0.9999978 |
| 4.6 | 0.9999979 | 0.9999980 | 0.9999981 | 0.9999982 | 0.9999983 | 0.9999983 | 0.9999984 | 0.9999985 | 0.9999986 | 0.9999986 |
| 4.7 | 0.9999987 | 0.9999988 | 0.9999988 | 0.9999989 | 0.9999989 | 0.9999990 | 0.9999990 | 0.9999991 | 0.9999991 | 0.9999992 |
| 4.8 | 0.9999992 | 0.9999992 | 0.9999993 | 0.9999993 | 0.9999994 | 0.9999994 | 0.9999994 | 0.9999994 | 0.9999995 | 0.9999995 |
| 4.9 | 0.9999995 | 0.9999995 | 0.9999996 | 0.9999996 | 0.9999996 | 0.9999996 | 0.9999996 | 0.9999997 | 0.9999997 | 0.9999997 |
| 5.0 | 0.9999997 | 0.9999997 | 0.9999997 | 0.9999998 | 0.9999998 | 0.9999998 | 0.9999998 | 0.9999998 | 0.9999998 | 0.9999998 |

# U형 분포식 유도

먼저 다음과 같이 주어진 확률변수 $Y$에 대해 확률밀도 함수를 구해보자.

$$Y = |1 - z|^2 \tag{V.1}$$

여기서 $z$는 다음과 같이 표현되고,

$$z = r e^{j\theta} \tag{V.2}$$

위상 $\theta$는 $[0, 2\pi]$ 구간에서 균일 분포한다. 즉,

$$f_\theta(\theta) = \frac{1}{2\pi} \tag{V.3}$$

먼저, 식 (V.1)은 다음과 같이 나타낼 수 있다.

$$Y = \left| 1 - r e^{j\theta} \right|^2 = (1 - r\cos\theta)^2 + (r\sin\theta)^2 \tag{V.4}$$
$$= 1 + r^2 - 2r\cos\theta$$

이를 $\cos\theta$를 좌변으로 하여 다시 정리하면 다음과 같다.

$$\cos\theta = \frac{1 + r^2 - Y}{2r} \tag{V.5}$$

확률변수 $Y$ 의 누적분포 함수(CDF)는 다음과 같이 적을 수 있을 것이다.

$$F_Y(y) = P(Y \leqq y) = P(1 + r^2 - 2r\cos\theta \leqq y) \tag{V.6}$$

이는 식 (V.5)를 이용하여 다음과 같이 나타낼 수도 있다.

$$F_Y(y) = P\left(\cos\theta \leqq \frac{1 + r^2 - y}{2r}\right) \tag{V.7}$$

변수 $\alpha$ 를 다음과 같이 정의하자.

$$\alpha = \cos^{-1}\theta = \cos^{-1}\left(\frac{1 + r^2 - y}{2r}\right) \tag{V.8}$$

$\cos\theta$ 값이 $\dfrac{1 + r^2 - y}{2r}$ 보다 작은 구간은 $[0,\ 2\pi]$ 구간 중 $2\alpha$ 에 해당하고, $\theta$ 는 균일 분포하므로, 식 (V.7)은 다음과 같이 나타낼 수 있다.

$$F_Y(y) = \frac{2\alpha}{2\pi} = \frac{1}{\pi}\cos^{-1}\left(\frac{1 + r^2 - y}{2r}\right) \tag{V.9}$$

확률밀도 함수 $f_Y(y)$ 는 식 (V.9)를 $y$ 로 미분하면 얻을 수 있다. 즉,

$$f_Y(y) = \frac{d}{dy}F_Y(y) = \frac{1}{\pi\sqrt{\left(y - (1-r)^2\right)\left((1+r)^2 - y\right)}} \tag{V.10}$$

여기서 $0 \leqq r \ll 1$ 이라면, 식 (V.10)은 다음과 같이 근사할 수 있다.

$$f_Y(y) \simeq \frac{1}{\pi\sqrt{4r^2 - (y-1)^2}} \tag{V.11}$$

이는 반범위가 $2r = 2\,|z|$ 이어서 $1 - 2r < y < 1 + 2r$ 이고, 중심이 $y = 1$ 에 위치한 U형 분포를 나타낸다.

다음으로 다음과 같이 주어진 확률변수 $X$ 에 대해 확률밀도 함수를 구해보자.

$$X = \frac{1}{Y} = \frac{1}{|1-z|^2} \tag{V.12}$$

마찬가지로 $z$ 는 식 (V.2)와 같이 나타내어지고, 위상 $\theta$ 는 $[0,\,2\pi]$ 구간에서 균일분포하며, $0 \leqq r \ll 1$ 를 가정한다. 이 경우, 랜덤변수의 변환 공식을 이용할 수 있다. 즉,

$$f_X(x) = f_Y\big(g^{-1}(x)\big)\left|\frac{dg^{-1}(x)}{dx}\right| \tag{V.13}$$

여기서 $x = \dfrac{1}{y}$ 이므로, 역변환 함수는 $g^{-1}(x) = \dfrac{1}{x}$ 이다. 또한

$$\frac{dg^{-1}(x)}{dx} = -\frac{1}{x^2} \tag{V.14}$$

이를 그대로 이용하면, 다음과 같은 수식이 도출된다.

$$f_X(x) \simeq \frac{x}{\pi\sqrt{4r^2x^2 - (1-x)^2}}\left|-\frac{1}{x^2}\right| \tag{V.15}$$

$x$ 의 범위가 $1 - 2r < x < 1 + 2r$ 이고, $0 \leqq r \ll 1$ 이므로, $x \simeq 1$ 로 가정할 수 있다. 따라서 식 (V.15)는 최종적으로 다음과 같이 근사될 수 있다.

$$f_X(x) \simeq \frac{1}{\pi\sqrt{4r^2 - (x-1)^2}} \tag{V.15}$$

이 분포 역시 반범위가 $2r = 2\,|z|$ 이고, 중심이 $x = 1$ 에 위치한 U형 분포를 나타낸다.

# 전파 분야 측정 불확도 이론 및 실무


초 판 인 쇄  2025년 8월 20일
초 판 발 행  2025년 8월 29일

저        자  박정규, 김강욱
발   행   인  임기철
발   행   처  GIST PRESS

등 록 번 호  제2013-000021호
주        소  광주광역시 북구 첨단과기로 123(오룡동)
대 표 전 화  062-715-2960
팩 스 번 호  062-715-2069
홈 페 이 지  https://press.gist.ac.kr/
인쇄 및 보급처  도서출판 씨아이알(Tel. 02-2275-8603)

I  S  B  N  979-11-90961-30-1 (93560)
정        가  20,000원